● 作って覚える

SketchUp
の一番わかりやすい本

SketchUp Pro 2019/2018/2017 対応

[BEGINNER'S GUIDE TO 3D MODELING IN SKETCHUP]

山形 雄次郎 著

技術評論社

ご注意：ご購入・ご利用の前に必ずお読みください

　本書に記載された内容は、情報の提供のみを目的としています。したがって、本書を参考にした運用は、必ずご自身の責任と判断において行ってください。本書の運用の結果につきましては、弊社および著者はいかなる責任も負いません。

　本書に記載されている情報は、特に断りが無い限り、2019 年 5 月時点での情報に基づいています。ご利用時には変更されている場合がありますので、ご注意ください。

　本書は、著作権法上の保護を受けています。本書の一部あるいは全部について、いかなる方法においても無断で複写、複製することは禁じられています。

　本書で掲載している操作画面は、特に断りが無い場合は、Windows 10 上で SketchUp Pro 2018 を使用した場合のものです。なお、本書の内容は SketchUp Pro 2019、SketchUp Pro 2017、SketchUp Make 2017 でも動作確認を行っています。

　以上の注意事項をご承諾いただいた上で、本書をご利用願います。これらの注意事項をお読みいただかずにお問い合わせいただいても、技術評論社および著者は対処しかねます。あらかじめご承知おきください。

- SketchUp は Trimble Inc. の登録商標です。
- その他、本書に掲載されている会社名、製品名などは、それぞれ各社の商標、登録商標、商品名です。なお、本文中に ™ マーク、® マークは明記しておりません。

はじめに

建築物は 3D（三次元）です。

それを無理矢理 2D の図面だけで表現しようとすると、どうしても誤解や間違いが発生しやすくなります。

ある人は 2D 図面は建物を暗号化したものだと実に的を射た表現をしましたが、その解読を間違うと悲劇が待っています。

そこで、建築設計監理を進める際に 2D 図面を補う 3D での表現がどうしても必要と思い、私は色々な 3D ソフトを使ってきましたが、SketchUp（バージョン 3）に出会い、非常に感銘を受けました。

SketchUp は他のソフトと異なり、画面を切り替えることなく直感的な操作で 3D モデルの作成・編集ができるので、作業性がよく、かつ施主（建築主、クライアント）の目の前でのプレゼン性が非常に良いのです。

私はあまりに感動したので、意匠設計の業務と並行してこの SketchUp の普及活動を行ってきました。

本書は、3D ソフトは全く初めてという人を対象とした初級本です。

SketchUp で 3D の醍醐味を是非味わって頂ければと思います。

2019 年 5 月

山形雄次郎

サンプルファイルのダウンロード

本書で使用しているサンプルファイルは、小社 Web サイトの本書専用ページよりダウンロードできます。

1 Web ブラウザを起動し、下記の本書 Web サイトにアクセスします。

https://gihyo.jp/book/2019/978-4-297-10688-1

2 Web サイトが表示されたら、[本書のサポートページ] をクリックします。

3 サンプルファイルのダウンロードページが表示されます。サンプルファイルは、2つに分かれています。[第1章〜第5章サンプルファイル]をクリックします。

4 [保存] をクリックすると、ダウンロードが開始されます。

5 ダウンロードが完了したら、[フォルダーを開く] をクリックします。

6 「ダウンロード」フォルダーが開くので、ダウンロードした ZIP ファイルを右クリックして [すべて展開] をクリックします。

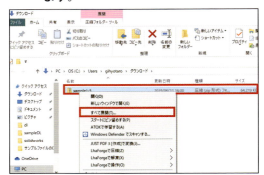

7 [参照] をクリックして展開先のフォルダーを選択し、[展開] をクリックすると、ZIP ファイルが展開されます。同様の手順で、第6章〜第9章のサンプルファイルもダウンロード、展開します。

ダウンロードファイルの内容（第1章～第5章の場合）

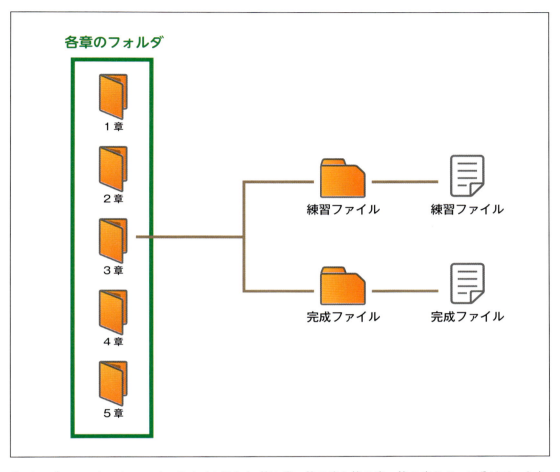

- サンプルファイルは、ファイルサイズの都合上、第1章～第5章と第6章～第9章の2つに分けています。
- ダウンロードしたZIPファイルを展開すると、章ごとのフォルダが現れます。
- 章ごとのフォルダを開くと、練習ファイルと完成ファイルのフォルダに分かれています（第1章～第5章と第6章～第9章のどちらも同じフォルダ構成になっています）。
- 使用する練習ファイルは、本書中にファイル名を記載しています。

Contents

サンプルファイルのダウンロード 4

第 1 章 SketchUpを使い始める 15

01 SketchUpの基礎知識 16
SketchUpとは 16
SketchUpのバージョン 16

02 SketchUpの起動と終了 18
SketchUpを起動する 18
ファイルを開く 19
SketchUpを終了する 19
SketchUpのインターフェースを確認する 20
トレイを操作する 21
ツールバーを変更する 22

03 SketchUpの初期設定 24
OpenGLを設定する 24
グラフィックを設定する 25
ファイルの場所を変更する 26
単位を設定する 27
エッジの表現を設定する 27

04 画面の操作方法を覚える 28
選択をクリックして始める 28
画面を回転・移動する 29
画面を拡大／縮小する 30
シーンを切り替える 30
画面を移動する 31
右クリックメニューを使う 31

シーンで移動する ････････････････････････････････ 32

投影法や遠近法で表現する ･･････････････････････ 34

平行投影で表現する ････････････････････････････ 35

平行投影を使って立面図を表現する ････････････ 36

カメラを配置する ･･････････････････････････････ 37

ウォークを使う ････････････････････････････････ 39

第2章 SketchUpの基本を理解する ････････ 41

01 エンティティやオブジェクトを選択する ･･･････ 42

選択ツールを使う ･･････････････････････････････ 42

複数のエンティティを選択する ････････････････ 43

全選択する ････････････････････････････････････ 45

選択を解除する ････････････････････････････････ 45

02 推定機能を利用する ･･････････････････････････ 46

推定点と推定方向 ･･････････････････････････････ 46

03 軸を理解する ････････････････････････････････ 50

軸を確認する ･･････････････････････････････････ 50

軸を変更する ･･････････････････････････････････ 51

04 線と面を理解する ････････････････････････････ 54

線で面を作成する ･･････････････････････････････ 54

線を削除する ･･････････････････････････････････ 56

線を残して面だけを削除する ･･････････････････ 56

消しゴムを使って削除する ････････････････････ 57

面の表と裏 ････････････････････････････････････ 58

線を分割／結合する ････････････････････････････ 60

05 円とポリゴンを描く ･･････････････････････････ 62

円を描く ･･････････････････････････････････････ 62

ポリゴンを描く ････････････････････････････････ 63

円とポリゴンを比較する ･･････････････････････ 64

「エッジのソフトニング」を変更する 65

06 グループとコンポーネントを理解する 66

粘着性を確認する 66

グループを作成する 68

コンポーネントを作成する 69

グループとコンポーネントの違いを確認する 70

グループを編集する 72

コンポーネントを編集する 73

グループ以外を非表示にする 74

07 レイヤを理解する 76

レイヤの使い方 76

レイヤ内のオブジェクトを確認する 78

レイヤを作成する 79

レイヤの記憶 81

グループやコンポーネントとレイヤ 82

08 エンティティやオブジェクトの表示/非表示を切り替える ... 84

エンティティを非表示にする 84

非表示にしたエンティティを表示する 86

消しゴムツールで非表示にする 87

09 マテリアルを理解する 88

マテリアルを適用する 88

マテリアルを編集する 90

まとめてペイントする 93

グループやコンポーネントとマテリアルの関係を理解する 94

マテリアルをエクスポート／インポートする 95

10 スタイルを設定する 96

スタイルを編集する 96

11 シーンを使う 102

シーンに保存できる設定 102

シーンを作成する 103

アニメーションを再生する 105

影の動きをシーンに登録する 106

第 **3** 章　簡単な形状を作成する …………………………………………………………………… 109

01 本棚を作成する ………………………………………………………………………………………… 110

ツールを使って本棚を作成する ………………………………………………………………… 110

横板を作成する …………………………………………………………………………………………… 111

直方体を作成する ………………………………………………………………………………………… 112

コンポーネントを作成する …………………………………………………………………………… 113

側板を作成する …………………………………………………………………………………………… 114

側板を移動する …………………………………………………………………………………………… 115

側板と横板をコピーする ……………………………………………………………………………… 116

横板を配列コピーする ………………………………………………………………………………… 117

裏板を作成する …………………………………………………………………………………………… 118

裏板を移動する …………………………………………………………………………………………… 120

裏板をコピーして本棚を完成させる …………………………………………………………… 121

02 テーブルを作成する …………………………………………………………………………………… 122

ツールを使ってテーブルを作成する …………………………………………………………… 122

天板を作成する …………………………………………………………………………………………… 123

天板の角に丸みをつける ……………………………………………………………………………… 128

天板の小口に丸みをつける …………………………………………………………………………… 130

天板に薄い板を張る ……………………………………………………………………………………… 132

天板を上げる ………………………………………………………………………………………………… 134

脚を作成する ………………………………………………………………………………………………… 135

脚をコピーする …………………………………………………………………………………………… 138

マテリアルをつけて完成させる …………………………………………………………………… 139

第 **4** 章　住宅の簡易な外観を作成する ………………………………………………… 141

01 敷地をつくる（画像から） ………………………………………………………………………… 142

画像を取り込んで敷地を作成する ……………………………………………………………… 142

画像を取り込む …………………………………………………………………………………………… 143

画像のスケールをあわせる …………………………………………………………………………… 144

敷地を作成する ··· 145

02 敷地を作成する（CADデータから） ······················· 146

CADデータを取り込んで敷地を作成する ·························· 146

CADデータを取り込む ··· 147

取り込んだデータのレイヤを変更する ····························· 149

敷地を作成する ··· 150

敷地のレイヤを変更する ··· 151

03 外壁を作成する ··· 152

敷地に外壁を作成する ·· 152

基礎の外形を作成する ·· 153

基礎の厚みを作成する ·· 154

基礎の高さを作成する ·· 155

外壁の外形を作成する ·· 156

外壁を完成させる ·· 157

04 屋根を作成する ··· 158

屋根を作成する ··· 158

屋根の外形を作成する ·· 159

屋根に勾配をつける ··· 160

反対側の屋根を作成する ··· 162

屋根の三角部分の壁を作成する ······································ 164

05 CADのデータを取り込んで窓を作成する ··················· 165

CADで作成した平面図を取り込んで窓を作成する ·············· 165

平面図のCADのデータを取り込む ·································· 166

掃出し窓の位置を壁に作成する ······································ 168

06 マテリアルをつける ·· 171

作成したモデルにマテリアルをつける ····························· 171

外壁にマテリアルをつける ··· 172

07 シーンを作成する ·· 175

シーン作成機能で画面の切り替えをおこなう ···················· 175

平面図のシーンを作成する ··· 176

透視図のシーンを作成する ··· 178

第5章 モデルの精度を上げる 179

01 屋根を伸ばす 180
モデルの精度を上げる 180
東側の屋根を伸ばす 181
道路側の屋根を伸ばす 182
屋根の一部を伸ばす 183
道路側の小屋根を伸ばす 184
軒を伸ばす 185

02 サッシを作成する 186
窓やドアのサッシを作成する 186
サッシを作成する 187

03 駐車スペースを作成する 190
斜めの柱を使って駐車スペースを作成する 190
柱の基礎を作成する 191
斜めの柱を作成する 192
駐車スペースの屋根を作成する 194
駐車スペースの屋根の勾配を作成する 195

04 外構を作成する 196
テラスやポーチなどの外構を作成する 196
テラスを作成する 197
ポーチを作成する 198

第6章 モデルを詳細に作り込む 199

01 屋根を作り込む 200
屋根の詳細を作り込む 200
玄関ポーチの屋根を作成する 201
軒先まわりを作成する 202

屋根の妻側を作成する 203

02 窓を作り込む 205

窓の詳細を作成する 205

掃出し窓を作成する 206

03 ドアを作り込む 210

ドアの詳細を作成する 210

ドアを作成する 211

04 外構を作り込む 213

動的コンポーネントで外構を作成する 213

コンポーネントを配置する 214

ほかの場所にも配置する 215

第 7 章 添景や背景を追加する 217

01 表札を作成する 218

表札を作成する 218

表札板を作成する 219

文字を作成する 220

3Dテキストを編集する 221

02 添景を配置する 222

3D Warehouseのコンポーネントを利用して添景を配置する 222

木を配置する 223

道路側にフェンスを配置する 225

車を配置する 227

03 背景をつける 228

背景を設定する 228

背景に色をつける 229

背景に画像を挿入する 230

04 影をつける 232

モデル全体に影をつける ……………………………………………………………… 232

影を表示する ………………………………………………………………………… 233

第8章 プレゼンテーションをする ……………………………… 235

01 レイヤを使う ………………………………………………………………… 236

レイヤ機能を使う ……………………………………………………………………… 236

レイヤを作成・表示する ……………………………………………………………… 237

02 表現を変える ………………………………………………………………… 239

スタイルの編集をして表現を変える ………………………………………………… 239

エッジの設定を変える ………………………………………………………………… 240

面設定のスタイルを変える …………………………………………………………… 241

03 断面機能を使って表現する ……………………………………………… 243

モデルの断面を表示する ……………………………………………………………… 243

断面を表現する ………………………………………………………………………… 244

04 ウォークスルーをする …………………………………………………… 246

ウォークスルーで敷地内を見る ……………………………………………………… 246

カメラの視点を決める ………………………………………………………………… 247

ウォークスルーする …………………………………………………………………… 248

05 アニメーションを作成する ……………………………………………… 249

シーンを追加してアニメーションを作成する ……………………………………… 249

視点を変更してシーンを追加する …………………………………………………… 250

アニメーションを作成する …………………………………………………………… 252

第9章 内観を作成する ……………………………………………… 255

01 床を作成する ………………………………………………………………… 256

モデル内部の床を作成する …………………………………………………………… 256

目次　13

床を作成する ……………………………………………………………………… 257

02 内壁を作成する …………………………………………………………… 260

CADデータを利用して内壁を作成する ………………………………… 260

CADデータの位置を変える ……………………………………………… 261

窓枠を修正する ……………………………………………………………… 262

内壁を作成する ……………………………………………………………… 264

03 サッシを作成する …………………………………………………………… 266

内部のドアのサッシを作成する ………………………………………… 266

サッシを作成する …………………………………………………………… 267

04 ドアを作成する ……………………………………………………………… 270

内部のドアを作成する ……………………………………………………… 270

ドアの框を作成する ………………………………………………………… 271

ドアのガラスを作成する …………………………………………………… 272

ドアノブを作成する ………………………………………………………… 273

[ドア]コンポーネントを配置する ……………………………………… 274

05 添景を配置する ……………………………………………………………… 276

家具やキッチンの添景を配置する ……………………………………… 276

コンポーネントを配置する ………………………………………………… 277

06 断面機能を使う ……………………………………………………………… 279

室内の断面を表示する ……………………………………………………… 279

天井を作成する ……………………………………………………………… 280

南側と北側の断面を作成する …………………………………………… 281

索引 ………………………………………………………………………………… 283

Chapter **1**

SketchUp を使い始める

SketchUpの基礎知識

ここでは、SketchUpについて説明します。SketchUpは3Dモデルを作成するソフトで、有償版と無償版があります。有償版と無償版では、使用ライセンスや使える機能が異なるので注意しましょう。

● SketchUpとは

SketchUpとは3Dモデルを作成するソフトです。操作が直感的でわかりやすく、かつプレゼン性が良く、それでいて軽いソフトなので、建築業界を中心にさまざまな分野で広く使われています。

● SketchUpのバージョン

SketchUpのバージョンと有償版、無償版の違いについて紹介します。
2017年11月に、SketchUpPro（有償版）のバージョン2018がリリースされました。このアップデートで、SketchUp Make（無償版）はリリースされなくなり、ウェブブラウザで動くSketchUp Free（無償版）に移行されました。
SketchUp Freeはウェブブラウザ版なので、ソフトをインストールする必要がなく、Internet ExplorerやGoogleChromeで動きます。
なお、SketchUp2013より無償版（SketchUp Make）の商用使用が禁止となりました。営利目的または営利団体が使用する場合には、Pro版が必須となります。

有償版でできて無償版でできないことは、DXFデータのインポートおよびエクスポート、LayOutツール、Style Builderツールなどです。

本書では、SketchUpPro2017および2018での操作画面を基本に説明していきます。
SketchUp Freeはこれらと画面構成はかなり変わりますが、基本的な機能は殆ど継承されています。

● SketchUpPro の画面

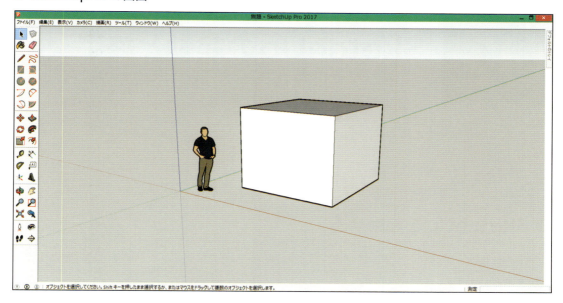

● SketchUp Free の画面

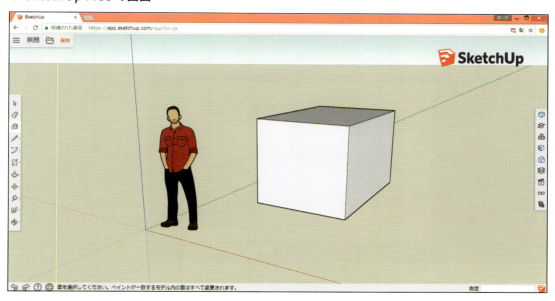

SECTION 02 SketchUpの起動と終了

ここでは、SketchUpの起動／終了方法を説明します。また、起動した後にファイルを開く方法も説明します。

サンプルファイル Model-01-02-start.skp

▶ SketchUpを起動する

インストール後にデスクトップにできるショートカットアイコンをクリックすると、このような画面が表示されます。

これはSketchUpMake2017の画面ですが、バージョンや有償版／無償版かでも画面の表示が変わってきます。

［SketchUpを使い始める］をクリックすると、SketchUpが起動します。

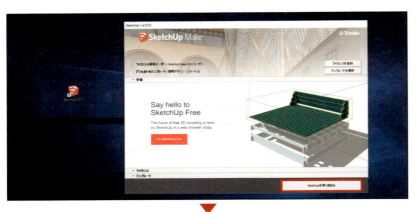

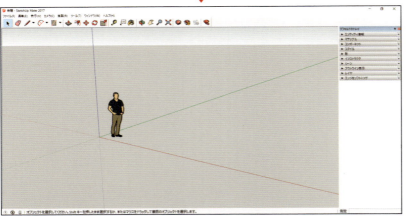

● ファイルを開く

SketchUpを起動したら、ファイルを開いてみましょう。ここでは、サンプルファイル「Model-1-02-start.skp」を開きます。

❶ [ファイル]メニューの[開く]をクリックします。

❷ 「Model-1-02-start.skp」を選択して[開く]をクリックします。

❸ ファイルが開きます。

● SketchUpを終了する

SketchUpを終了する場合は、[ファイル]メニューの[終了]をクリックします。

SketchUpの起動と終了 19

▶ SketchUpのインターフェースを確認する

SketchUpの操作画面を確認しましょう。

❶タイトルバー
ファイル名とSketchUpのバージョンを表示します。

❷メニューバー
クリックするとプルダウンメニューが表示されます。

❸ツールバー
各ツールを表示します。
[表示]メニューの[ツールバー]で、表示するツールバーを選択できます。

❹シーンタブ
登録されたシーンが表示されます。

❺ステータスバー
操作の説明が表示されます。

❻値制御ボックス
数値が表示されます。また、ここに数値を入力することで、線の長さを変更したり、距離を指定して移動したりできます。

❼トレイ
各メニューのトレイが表示されます。

> 📖 **MEMO** クイックリファレンスカード
>
> クイックリファレンスカードを以下からダウンロードできます。
>
> ・SketchUp Pro 2019 クイックリファレンスカード Windows版
> https://www.sketchup.com/qrc/su/2019/ja/win
>
> ・SketchUp Pro 2019 クイックリファレンスカード Mac版
> https://www.sketchup.com/qrc/su/2019/ja/mac

▶ トレイを操作する

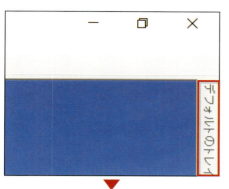

❶ トレイが表示されていないときは、マウスポインターを画面右上の[デフォルトのトレイ]に移動させると、トレイが現れます。

❷ ピンマークの[自動的に隠す]をクリックして、ピンマークを下に向けると、トレイが常時表示されます。

❸ ピンマークの[自動的に隠す]をクリックして、ピンマークを左に向けると、トレイは操作が終わると自動的に隠れます。トレイを常時表示させるかどうかは、その時の作業内容によって判断します。

❹ トレイに表示するメニューは、[ウィンドウ]メニューの[デフォルトのトレイ]で選択できます。

▶ ツールバーを変更する

本書では、操作をしやすくするため、ツールバーの変更やトレイの追加をしています。

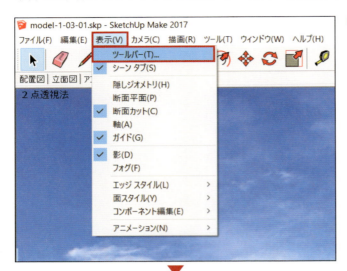

❶ [表示]メニューの[ツールバー]をクリックします。

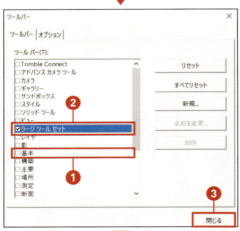

❷「基本」のチェックを外し❶、「ラージツールセット」にチェックを付けます❷。[閉じる]をクリックします❸。

❸「ラージツールセット」ツールが表示されます。

❹ツールバー上部のタイトルバーをドラッグしてツールを左端に移動させます。

❺[ウィンドウ]メニューの[デフォルトのトレイ]→[レイヤ]をクリックします。

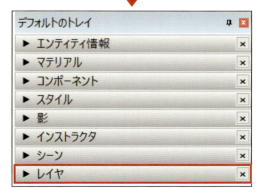

❻トレイに「レイヤ」が追加されました。同様に「エッジをソフトニング」トレイも追加しておきます。

SECTION 03 SketchUpの初期設定

この節では、使い始めるときの初期設定を説明します。SketchUpは3Dソフトなので、使っているパソコンのスペックによっては、動作が遅い場合があります。そんなときは、OpenGLやグラフィックの設定を見直します。

● OpenGLを設定する

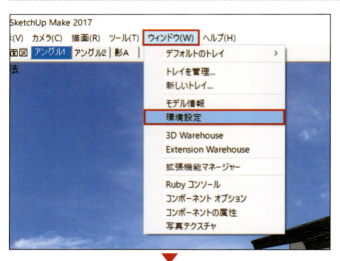

❶［ウィンドウ］メニューの［環境設定］をクリックすると、［SketchUpの環境設定］ダイアログボックスが表示されます。

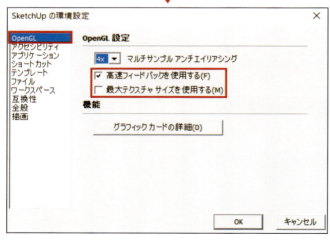

❷［OpenGL］をクリックします。OpenGLの項目は、パソコンに搭載されているビデオカードによって表示される設定項目が異なります。［高速フィードバックを使用する］にチェックを付けると、大規模なモデルを編集するときに効果があります。また、［最大テクスチャサイズを使用する］にチェックを付けると画質は向上しますが、動作が重くなります。

▶ グラフィックを設定する

ビデオカードを搭載している Windows パソコンを使用している場合、うまく動作しない場合があります。その場合は、グラフィック設定を変更します。なお、ここでは Nvidia Geforce の場合の設定方法を説明しています。設定方法はグラフィックカード製品によって異なります。

❶ デスクトップで右クリックして、[NVIDIA コントロールパネル]をクリックします。

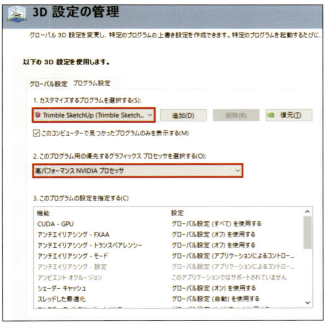

❷「3D 設定の管理」の「1. カスタマイズするプログラム」で「SketchUp」を選択します。

❸「2. このプログラム用の優先するグラフィックスプロセッサを選択する」で「高パフォーマンス NVIDIA プロセッサ」を選択します。

SketchUp の初期設定　**25**

▶ ファイルの場所を変更する

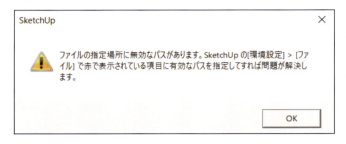

ファイルを開くときに左図のような表示がでる場合があります。その場合は、[OK]をクリックしてメッセージを閉じたあと、次の設定を行います。

❶ [ウィンドウ]メニューの[環境設定]をクリックして、「SketchUpの環境設定」ダイアログボックスでファイルの場所を設定します。

❷ [ファイル]を開くと、ファイルの場所が認識されないフォルダになっているところが赤く表示されているので、そのフォルダを変更します。

▶ 単位を設定する

単位の設定をするには、［ウィンドウ］メニューの［モデル情報］をクリックし、［モデル情報］ダイアログボックスで［単位］をクリックすると、長さと角度の設定ができます。
本書では、下図のようにフォーマットを［十進表記］［mm］、精度は［0］とし、「単位形式を表示する」のチェックを外しています。

▶ エッジの表現を設定する

［スタイル］トレイの［編集］タブをクリックして、［エッジ設定］を下図のような設定にし、エッジを表現します。

SECTION 04 画面の操作方法を覚える

ここでは、画面の操作方法について説明します。SketchUpは3Dソフトなので、画面の中の3Dモデルをさまざまな角度から見ることができます。その操作を自在にできるように手が馴染むまで、画面の操作方法をしっかり習得しましょう。

● 選択をクリックして始める

SketchUpでは、線や四角形などの図形のことをエンティティとよびます。最初にツールバーにある矢印マークの[選択]をクリックします。何かの動作をする前には、必ず[選択]をクリックするようにします。

直前のメニューが残ったまま[選択]をクリックせずに次の作業に入ると、想定外の結果になることがあるので注意が必要です。

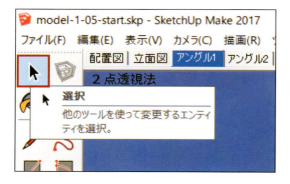

> 📖 **MEMO** マウスのホイールボタン

SketchUpでは、画面の移動などにマウスのホイールボタンを利用するので、ホイールボタンのあるマウスを使用しましょう。

▶ 画面を回転・移動する

❶ マウスのホイールボタン（中央のボタン）をドラッグすると、オービット（画面が回転）します。

❷ [Shift] キーを押しながらマウスのホイールボタンをドラッグすると、パンニング（画面の移動）します。

👉 Point

マウスのホイールボタンを押しながら左ボタンを押し続けても、パンニングします。

● 画面を拡大／縮小する

❶ マウスのホイールボタンを手前に回すと縮小します（より広い範囲が見えるようになります）。

❷ マウスのホイールボタンを奥に回すと拡大します。

● シーンを切り替える

事前に登録されているシーンをクリックすることで画面表現が変わります。ここでは初期の画面に戻すために［アングル1］をクリックします。

▶ 画面を移動する

マウスのホイールボタンをダブルクリックすると、そこが画面中央になるように画面が移動します。ここでは、駐車スペースの屋根の先端（下図の赤丸）をダブルクリックします。

▶ 右クリックメニューを使う

ホイールボタンを押しながら右クリックすると、画面操作のメニューが現れるので、ここで各画面操作を選択することもできます。

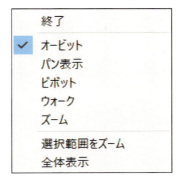

▶ シーンで移動する

このファイルには5つのシーンが登録されており、各シーンをクリックして画面を切り替えてみます。
シーンとは、カメラの位置（アングル）やレイヤ、影などを登録したものです。
詳しくは、第2章のSec.11で説明します。

❶［配置図］をクリックします。

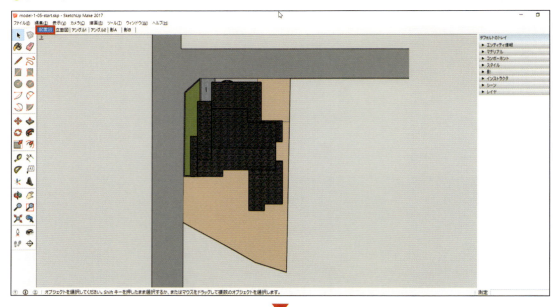

❷［立面図］をクリックします。

❸[アングル2]をクリックします。

❹[影1]をクリックすると、影が表示されます。
このシーンにはアングルではなく、影が設定されています。

❺[影2]をクリックすると、影が滑らかに移動します。

● 投影法や遠近法で表現する

❶ [アングル1]をクリックします。このシーンに登録されているのは2点透視法です。2点透視法では、垂直方法の線が平行で表現されます。

❷ これを遠近法に変更します。
[カメラ]メニューの[遠近法]をクリックします。

❸ 遠近法に変更されて、垂直方向の線は上空の消失点に向かいます。

▶ 平行投影で表現する

平行投影に変更します。

❶ [カメラ]メニューの[平行投影]をクリックします。

❷ 左図のようになります。

❸ オービットなどを使い左図のようにアングルを変更します。
平行投影では、平行な線がそのまま平行に表現されます。

画面の操作方法を覚える　**35**

● 平行投影を使って立面図を表現する

❶ [表示] メニューの [ツールバー] をクリックし①、[ツールバー] ダイアログボックスで [ビュー] にチェックを付けて②、[閉じる] をクリックします③。

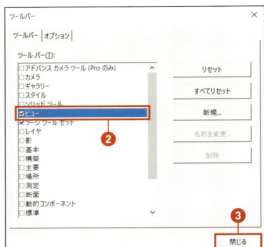

❷表示された [ビュー] ツールバーの [背面図] をクリックします。

❸パンニング (Shift キーを押しながら、マウスのホイールボタンをドラッグ) で建物の位置を調整します。これで建物の玄関側の立面図が表現されます。

▶ カメラを配置する

❶任意の位置から見たアングルを作成します。
［アングル1］シーンをクリックします。

❷「ツールバー」の［カメラを配置］をクリックします。

❸立つ位置から見たい点に向かって、ドラッグします。

❹左図のように眼高（視点の高さ）が0の位置から見たアングルになります。

❺眼高（視点の高さ）を入力します。値制御ボックスに半角で[1500]と入力して、Enter キーを押します。

❻眼の高さが地面から1500mmの高さに変更されます。

❼立っている位置は変えずに見る方向を変えます。「ツールバー」の中の[ピボット]をクリックします。

❽ドラッグすると見る方向が変わります。

▶ ウォークを使う

ウォークを使えば、眼の高さを一定にして歩くように見ることができます。

❶ツールバーの[ウォーク]をクリックします。

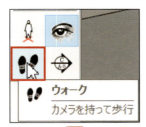

❷マウスポインターを中央からドラッグして上下左右に動かすと、前後左右に歩くように見えます。

👉 Point

[Ctrl]キーを押しながらウォークをすると、高速歩行になります。
[Shift]キーを押しながらウォークをすると、垂直(マウスポインターの位置によっては横)に移動します。
[Alt]キーを押しながらウォークをすると、衝突検出が無効になりオブジェクトがあっても突き抜けていきます。

COLUMN

ショートカットキーを追加する

ショートカットキーは、あらかじめ設定されている以外にも、追加で設定することができます。操作に慣れて、よく使うツールが自分でわかってきたら、ショートカットキーを追加すると効果的です。また、自分でよく使うほかのアプリケーションとショートカットキーをそろえておくというのも便利です。ショートカットキーは、次の手順で追加できます。

❶ ［ウィンドウ］メニューの［環境設定］をクリックします。

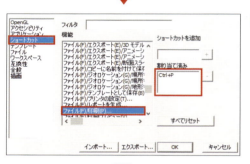

❷ ［SketchUpの環境設定］の左の［ショートカット］をクリックします。機能の項目をクリックすると、予め設定されている機能については、［割り当て済み］に［ショートカット］が表示されます。

❸ ショートカットキーを追加する場合は、追加したい機能を、左の欄から選択します。［ショートカットを追加］のフィールドを入力できるようにクリックして、割り当てるキーを押します。キーの名称が自動で入ります。ここでは、［編集(E)／グループを作成］を選択して、Ctrlキーと Gキーを同時に押しています。

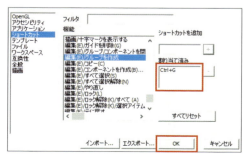

❹ ［＋］をクリックすると、［割り当て済み］にショートカットキーが表示されます。
［OK］をクリックします。

Chapter 2

SketchUp の
基本を理解する

■ Chapter2　SketchUp の基本を理解する

SECTION 01 エンティティやオブジェクトを選択する

　サンプルファイル　Model-02-01-start.skp

ここでは、エンティティ（Entity：線や面などの要素）やオブジェクト（Object：物体）の選択方法について説明します。選択は、頻繁に行う操作なので、しっかりと覚えましょう。

● 選択ツールを使う

❶サンプルファイル「Model-02-01-start.skp」を開いて、[ツールバー]→[選択]をクリックします。

❷直方体の上の面をクリックすると、面が選択されます。
選択されると青く表現されます。

☛ Point
青く表示された状態をハイライト表示といいます。

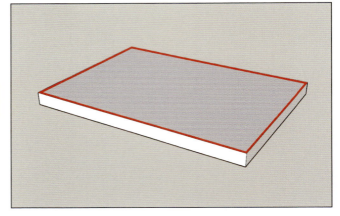

● 複数のエンティティを選択する

▶ 選択を追加／解除していく

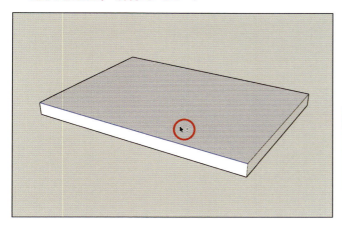

Shiftキーを押しながら選択すると、マウスポインターの横に「±」と表示され、直前に選択していたエンティティはそのままで、選択されていないものは選択され、選択されているものは、選択解除されます。

Point

Ctrlキーを押しながら選択すると、「+」と表示され選択が追加されていきます。
Ctrl + Shiftキーを押しながら選択すると、「-」と表示され選択解除されていきます。

▶ ダブルクリックで選択する

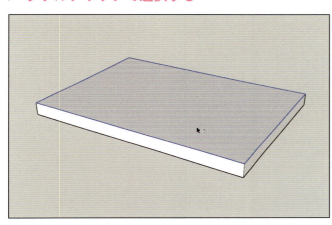

ダブルクリックすると選択したエンティティとそれに接するエンティティを選択します。左図のように面をダブルクリックすると、面とその周囲の線が選択されます。

Point

選択ツールでは、点（頂点）を選択することはできません。また、線をダブルクリックすると、その線とつながっている面もまとめて選択します。

▶ **トリプルクリックで選択する**

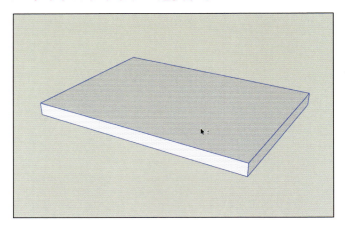

トリプルクリックすると、選択したエンティティに連続的につながっているエンティティがすべて選択されます。左図の場合は直方体すべてが選択されます。

▶ **左から右へドラッグして選択する**

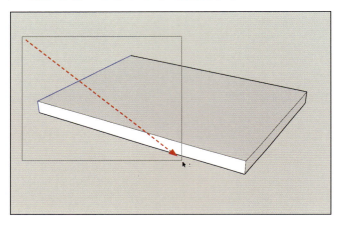

左側から右側に向かってドラッグすると、その範囲に完全に囲まれたエンティティが選択されます。左図は左上から右下に向かってドラッグしていますが、左下から右上に向かってドラッグしても結果は同じです。

▶ **右から左へドラッグして選択する**

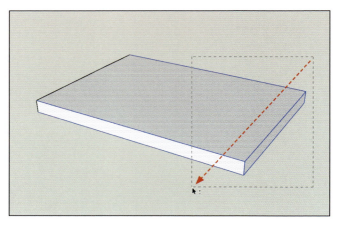

右側から左側に向かってドラッグすると、その範囲に少しでもかかったエンティティが選択されます。

▶ 全選択する

Ctrl ＋ A キーを押すと、モデル空間内のすべてのエンティティが選択されます。
ただし、非表示になっているエンティティは選択されません。

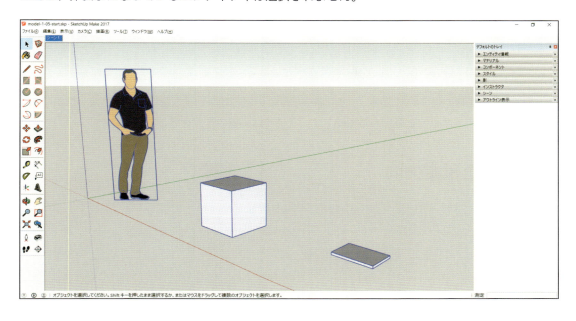

▶ 選択を解除する

エンティティが何もないところをクリックすると、選択が解除されます。

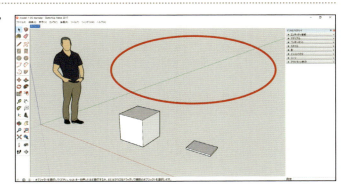

［編集］メニューの［すべて選択解除］をクリックしても、選択が解除されます。画面上がエンティティでいっぱいになっている時に便利です。

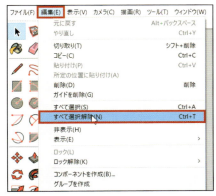

エンティティやオブジェクトを選択する　　45

SECTION 02 推定機能を利用する

| サンプルファイル | Model-02-02-start.skp |

この節では、推定機能について説明します。推定機能とは線の端などを正確にクリックする機能で、他のソフトではよくスナップと呼ばれる機能です。ここでは、線の作成を通して説明します。

▶ 推定点と推定方向

サンプルファイル「Model-02-02-start.skp」を開いて、［ツールバー］→［線］をクリックします。

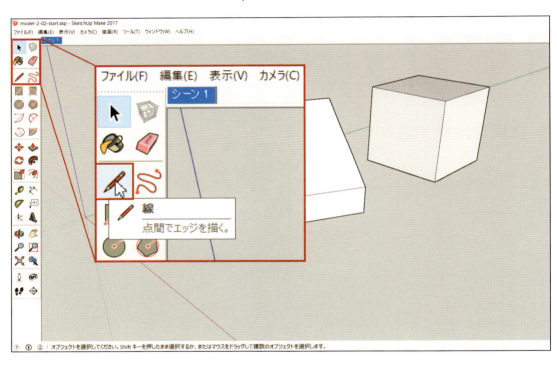

● 端点

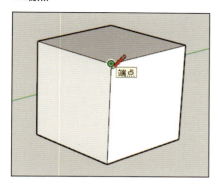

立方体の角にカーソルを近づけると、「端点」と表示されます。この状態でクリックすると、端点が選択されます。

● 中点

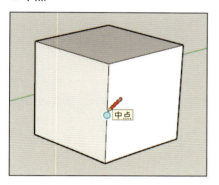

立方体のエッジの中ほどにカーソルを近づけると、「中点」と表示されます。この状態でクリックすると、エッジの中点が選択されます。

● エッジ上

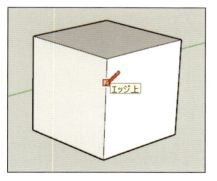

立方体のエッジの中点以外にカーソルを近づけると、「エッジ上」と表示されます。この状態でクリックすると、エッジ上が選択されます。

● 中央

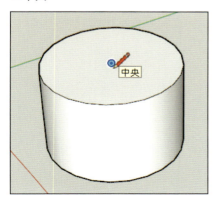

円柱の上面の中央にカーソルを近づけると、「中央」と表示されます。この状態でクリックすると、円の中心点が選択されます。表示されないときは、円のエッジ（円周）をなぞってから、中央にカーソルを近づけると表示されます。

● 赤い軸上

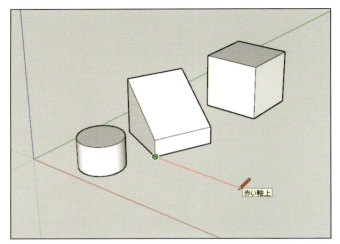

エンティティの端点をクリックしたあとに左図のような方向にカーソルを移動すると、線が赤色になり、「赤い軸上」と表示されます。これは、線の方向が赤い軸（X軸）上になっていることを表しています。ここで2点目をクリックすれば、赤い軸（X軸）に平行な線を作成できます。

● 緑の軸上

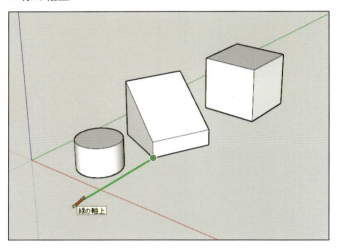

左図のような方向にカーソルを移動すると、線が緑色になり、「緑の軸上」と表示されます。これは、線の方向が緑の軸（Y軸）上になっていることを表しています。

● 青い軸上

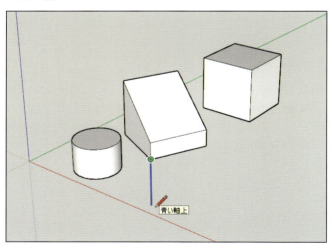

左図のような方向にカーソルを移動すると、線が青色になり、「青い軸上」と表示されます。これは、線の方向が青い軸上（Z軸、垂直方向）になっていることを表しています。

▶ 延長エッジ

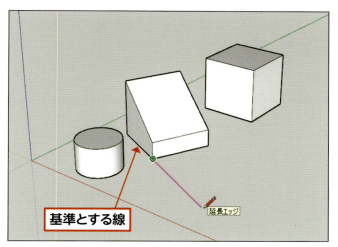

左図のような方向にカーソルを移動すると、線がピンク色になり、「延長エッジ」と表示されます。これは、線の方向が基準とする線の延長線上にあることを表しています。

▶ 推定方向のロック

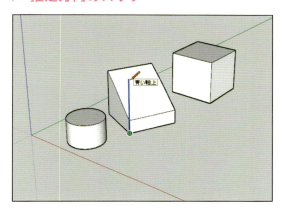

推定方向が表示されたときに Shift キーを押すと、線が太くなり推定方向にカーソルがロックされます。Shift キーを押したまま、左図のように立方体の上部端点をクリックすると、立方体の高さまでの線を作成することができます。

推定方向のロックは、移動やコピーをするときにもよく使う、便利な機能です。

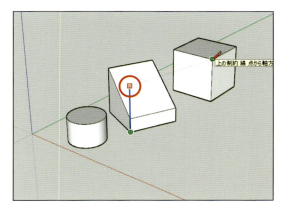
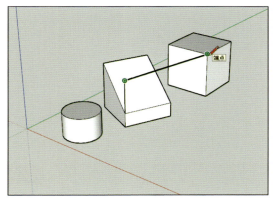

■ Chapter2　SketchUpの基本を理解する

SECTION 03 軸を理解する

サンプルファイル　Model-02-03-start.skp

この節では、軸について説明します。一般の3DソフトでX軸、Y軸、Z軸といわれる軸は、SketchUpでは、赤い軸、緑の軸、青い軸で表現されます。

▶ 軸を確認する

サンプルファイル「Model-02-03-start.skp」を開くと、左図のように赤い軸、緑の軸、青い軸が直交するように表現されています。軸が見えないときは、[表示]メニューの[軸]をクリックします。3つの軸が交わる点が原点です。

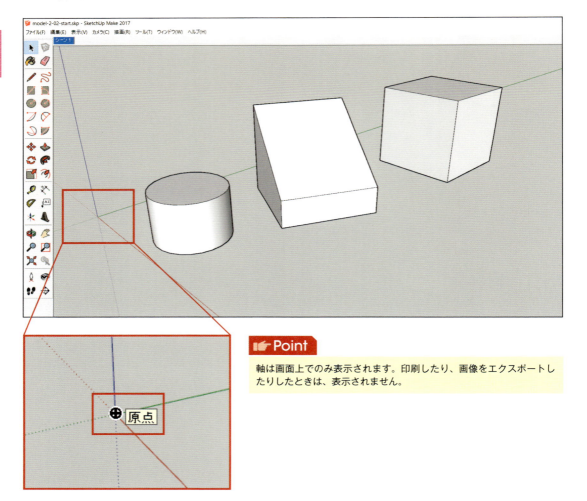

Point
軸は画面上でのみ表示されます。印刷したり、画像をエクスポートしたりしたときは、表示されません。

▶ 軸を変更する

軸を変更する方法を紹介します。

❶「ツールバー」→ [軸] をクリックします。

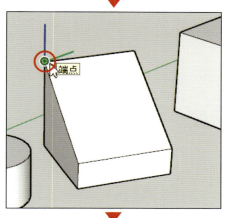

❷ 斜めの面を基準にした軸に変更します。
左図の端点をクリックします。
ここが新しい原点になります。

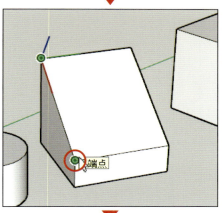

❸ 2点目にクリックする位置が赤い軸の方向になります。
左図の端点をクリックします。

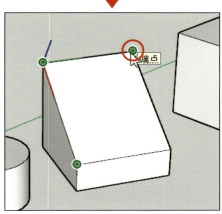

❹ 3点目にクリックする位置が緑の軸の方向になります。
左図の端点をクリックすると、斜めの面を基準にした軸に変更されます。

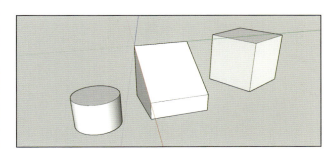

▶ 軸のリセット

変更した軸をもとに戻すときには、軸の上で右クリックして［リセット］をクリックします。

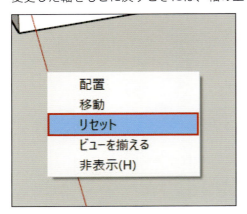

▶ 軸を非表示にする

軸を非表示にするには、［表示］メニューの［軸］をクリックします。

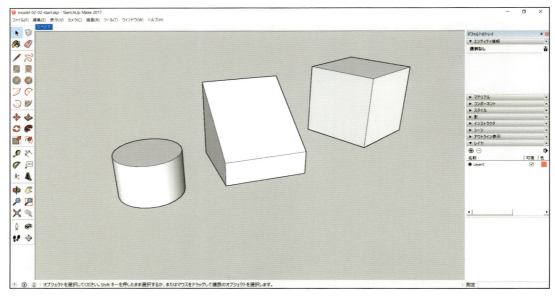

▶ 軸の記憶

変更した軸を記憶させるには、シーン（第2章Sec.11参照）を使います。
［軸の位置］のチェックを付けてシーンを登録すると、シーンにその軸の位置が記憶されます。

▶ 軸の色でエッジを表現する

［スタイル］トレイの［編集］タブをクリックして［エッジ］で「色」を［軸別］にすると、各エッジが軸の色になります。エッジが各軸に平行になっているかどうかが一目でわかるので、モデルチェックの時に便利です。

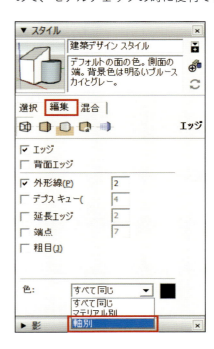

Point
この状態でモデルを作っていくこともできます。

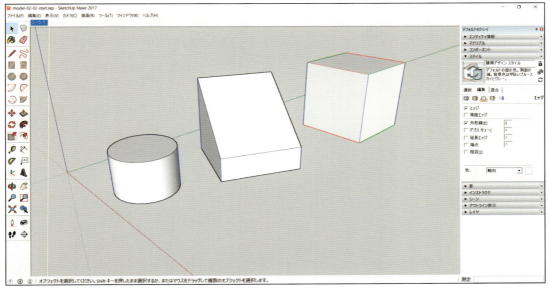

■ Chapter2　SketchUp の基本を理解する

SECTION
04 線と面を理解する

サンプルファイル　Model-02-04-start.skp

ここでは、線と面について説明します。複数の線をつなげて四角形を描くと、四角形は面になります。線と面の関係を理解しましょう。

▶ 線で面を作成する

線をつなげると面ができます。実際に線を描いてみます。サンプルファイル「Model-02-04-start.skp」を開いて操作してみましょう。

❶「ツールバー」→［線］をクリックします。

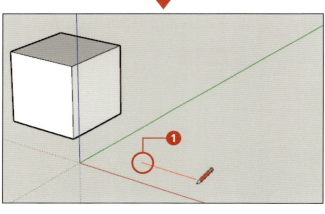

❷任意の位置で1点目をクリックし❶、マウスポインターを移動し、赤い軸が表現されたら値制御ボックスに半角で長さ［1000］と入力します❷。

☞ Point

2点目を適当な位置でクリックしてから数値入力しても同じ結果になります。
なお、ほかのソフトでは、xyz軸のプラス方向マイナス方向が決まっていますが、SketchUpでは、2点目でカーソルを移動した方向がプラスになります。

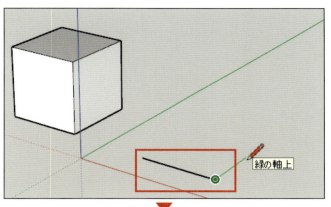

❸赤い軸に平行な長さ1000mmの線ができます。

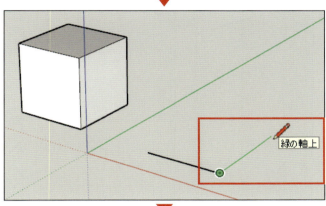

❹次に緑の軸の方向にマウスポインターを移動し、同様に[1000]と入力します。

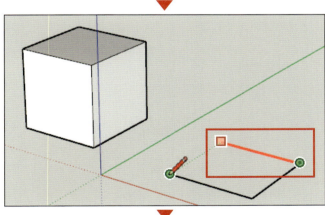

❺赤の軸の方向にマウスポインターを移動し、同様に[1000]と入力し、最後に始点をクリックしてつなげます。

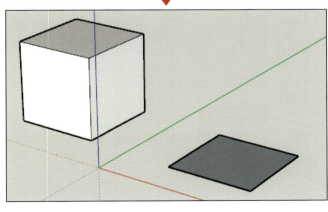

❻線で囲まれたエリアに面ができ、色が付きます。

● 線を削除する

❶ 正方形の右側の線を選択します。　❷ [Delete] キーで削除すると、面も削除されます。
このように面を構成している線（エッジ）の一部が削除されると、面も削除されます。

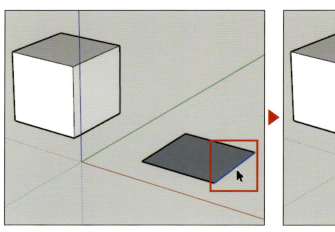
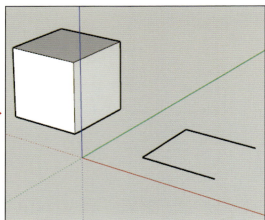

● 線を残して面だけを削除する

線を残して面を削除することができるのか検証しましょう。左側の立方体の一つの面を選択して、次の操作を行ってみます。

❶ 面の上で右クリックして［消去］をクリックします。　❷ 周囲の線は残ったままで選択した面だけが削除されます。

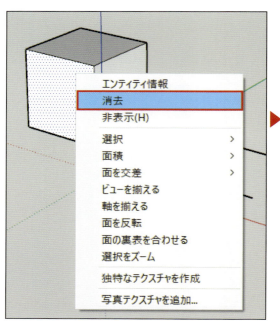
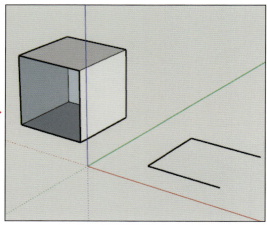

Point
削除された面を構成する1本のエッジをなぞるように線を作成すると、面が復帰します。

▶ 消しゴムを使って削除する

さらに別の方法で線を削除します。

❶「ツールバー」→[消しゴム]をクリックします。

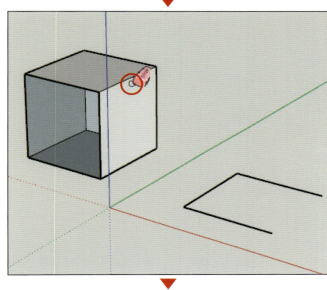

❷左図の位置の線（エッジ）をクリックします。

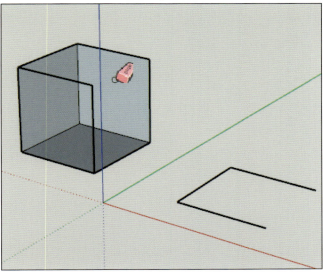

❸選択した線だけでなく、その線で構成されていた二つの面も削除されます。

▶ 面の表と裏

面には表と裏があります。オービット（マウスのホイールボタンのドラッグ）で画面を動かし、下からみると上の面と下の面の色が違っていることが分かります。面の表と裏を確認してみましょう。なお、表か裏かということは、SketchUpの中だけではあまり影響はありませんが、ほかの3Dソフトに移行して作業するときに影響する場合があるので、オブジェクトの表側には表がくるように作成します。

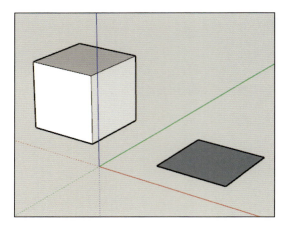 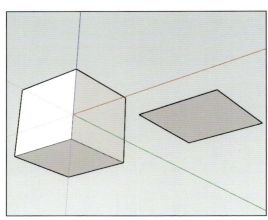

▶ 表の色と裏の色を確認する

❶ [スタイル]トレイを開き、[編集]タブ→[面設定]をクリックします。
ここで「表の色」と「裏の色」が確認できます。

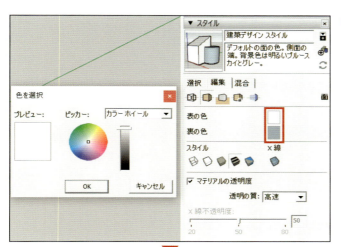

❷色の部分をクリックすると、「表の色」と「裏の色」の色を変更できます。

❸表と裏を反転させることができます。面を選択し、右クリックして［面を反転］をクリックすると、表と裏が反転します。

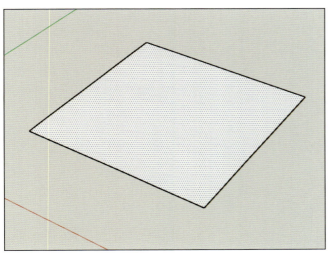

● 線を分割／結合する

▶ 線を分割する

線を分割する方法を紹介します。SketchUpでは一般のCADのように、線を重ねて作成することができません。この性質を利用して線を分割します。

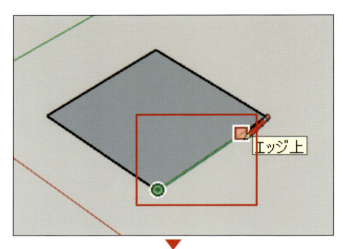

❶ 左図のように端点から線を分割したいところまでの線を作成します。

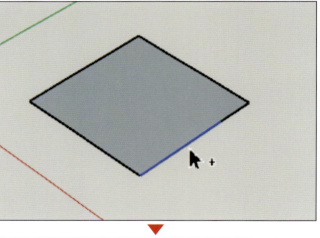

❷ 作成した線を選択して Delete キーを押して削除します。

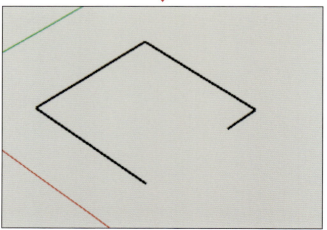

❸ 左図のように元の線が分割されていたことが確認できます。
作業が終わったら、Ctrl + Z キーを押して削除した操作をキャンセルして元に戻します。

▶ 線を結合する

次に、分割されている線を結合する方法を紹介します。

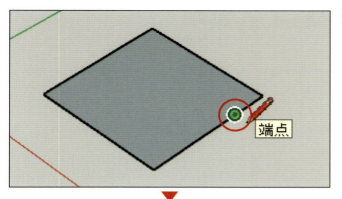

❶[線]ツールで分割されている点をクリックします。

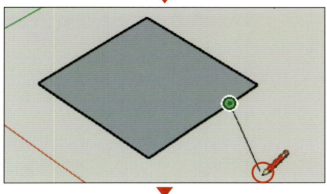

❷任意の2点目をクリックします。

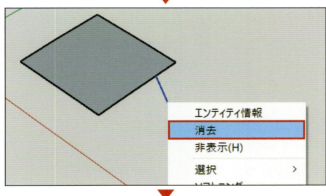

❸作成した線を右クリックして[消去]をクリックします。線を消去すると、分割されていた線が結合されます。

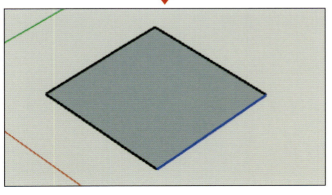

❹線を選択して青く表示される範囲を見ると、結合されていることが確認できます。

SECTION 05 円とポリゴンを描く

サンプルファイル Model-02-05-start.skp

ここでは、円とポリゴン（polygon：多角形）について説明します。円とポリゴンを実際に描いて、違いを比較しましょう。

● 円を描く

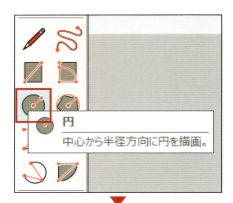

❶ サンプルファイル「Model-02-05-start.skp」を開き、「ツールバー」→［円］をクリックします。

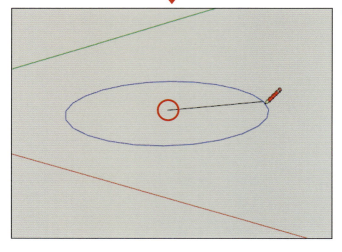

❷ 円の中心になる任意の位置をクリックし、マウスポインターを移動します。

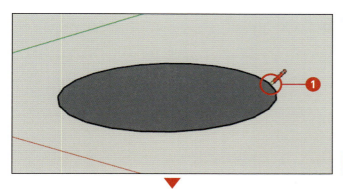

❸任意の位置で2点目をクリックして❶、値制御ボックスに円の半径を[1000]と入力します❷。

❹できた円を拡大してみると、多角形(24角形)になっていることが分かります。

👉 Point

円を選択すると、「値制御ボックス」には、側面「24」と表示されます。SketchUpでは、円は多角形で作成されます。側面の数が多いほど滑らかになっていきますが、完全な円は作成できないので、注意が必要です。

● ポリゴンを描く

作成した円のとなりに、半径「1000」の24角形を[ポリゴン]ツールで作成します。

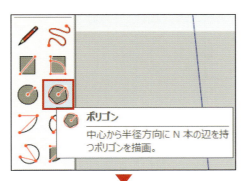

❶「ツールバー」→[ポリゴン]をクリックします。

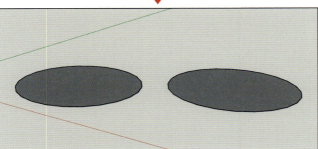

❷側面の数を円と同様に[24]に変更します。

⚠ Check

[値制御ボックス]をクリックせず、[24]と入力します。

円とポリゴンを描く　63

● 円とポリゴンを比較する

円とポリゴンは同じように見えますが、違いがあります。先ほど描いた円とポリゴンを［プッシュ/プル］ツールで立体にし、違いを確認してみましょう。

❶「ツールバー」→［プッシュ/プル］をクリックします。

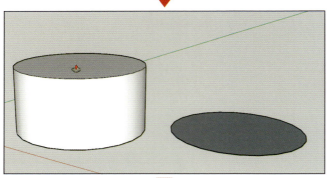

❷円をクリックします。
マウスポインターを上に移動してクリックすると、円柱ができます。

☞ Point
ドラッグでもできます。

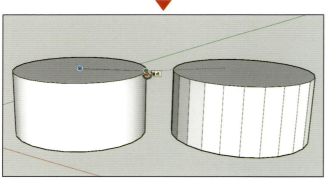

❸今度はポリゴンを［プッシュ/プル］で多角柱にします。
2点目を円柱の上の面の端点をクリックします。

☞ Point
ダブルクリックする直前に作った高さと同じ高さまで立ち上がります。

▶「エッジのソフトニング」を変更する

円とポリゴンでは2Dでの表現は同じように見えますが、3Dにすると円は円柱に見えるように滑らかな表現になるようになっています。これは、円柱の方に「エッジをソフトニング」機能が働いているからです。「エッジをソフトニング」の設定を変更してみます。

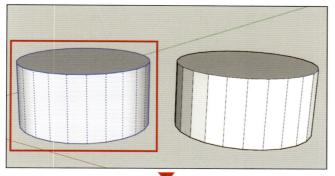

❶円柱をトリプルクリックして選択します。

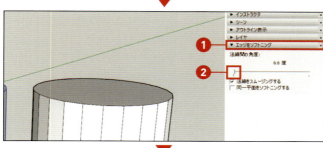

❷「エッジをソフトニング」トレイを開き❶、「法線間の角度」のスライダーをドラッグして[0]にします❷。円柱の表現が多角柱と同じになります。

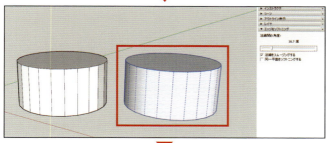

❸今度は多角柱をトリプルクリックして選択します。

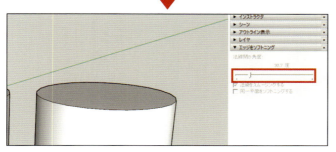

❹「エッジをソフトニング」トレイで「法線間の角度」のスライダーを右にドラッグして大きくしていくと円柱と同じ表現になります。

SECTION 06 グループとコンポーネントを理解する

サンプルファイル　Model-02-06-start.skp

ここでは、グループとコンポーネントについて説明します。また、SketchUpの特徴である、粘着性についても説明します。

▶ 粘着性を確認する

粘着性とは、グループやコンポーネントになっていないエンティティやオブジェクトが接すると、くっついてしまう特性です。実際に試してみます。

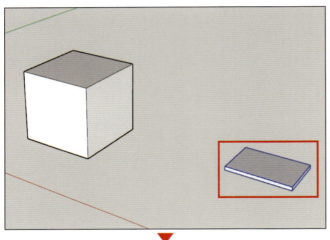

❶サンプルファイル「Model-02-06-start.skp」を開き、小さい直方体をトリプルクリックして選択します。

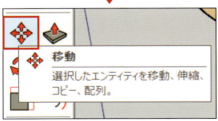

❷「ツールバー」の[移動]をクリックします。

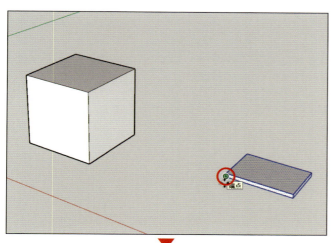

❸ 小さい直方体の左下の端点をクリックします。

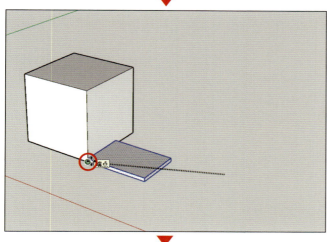

❹ 大きい直方体の右下の端点をクリックすると、左図のように移動します。

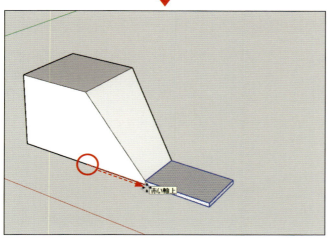

❺ 再度大きい直方体の右下の端点をクリックして、マウスポインターを移動すると、左図のように大きい直方体が変形します。このように、SketchUpには脅威的ともいえる粘着性があります。

▶ グループを作成する

粘着性を回避するには、エンティティのまとまりごとに、グループまたはコンポーネントにします。まずは、グループを作成する方法です。

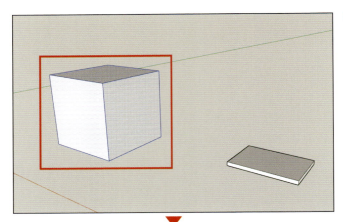

❶左側の立方体を選択します。

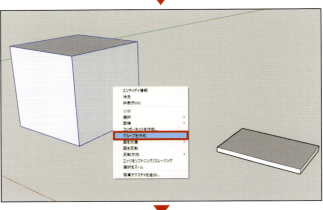

❷右クリックして［グループを作成］をクリックします。

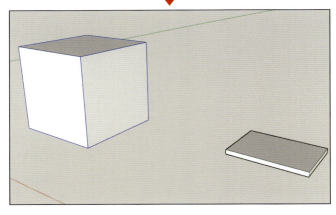

❸選択されていたエンティティが一つのグループになり、先ほどと同じように立方体どうしをくっつけても粘着しなくなります。

▶ コンポーネントを作成する

次にコンポーネントを作成する方法を紹介します。

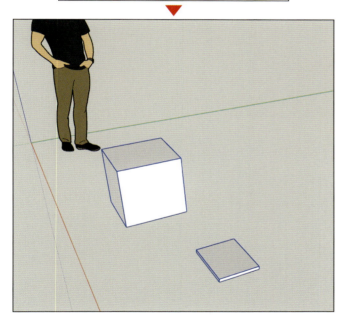

❶今度は右側の直方体を選択し、右クリックして「コンポーネントを作成」をクリックすると、左図のようなダイアログボックスが表示されます。[作成]をクリックします。

🖝 Point

「選択内容をコンポーネントに置換する」のチェックを外すと、選択した内容がコンポーネントとしてファイル内に保存されますが、選択した内容そのものはコンポーネントになりません。保存されたコンポーネントを配置するときには、「コンポーネント」トレイを開いて選択します。

❷選択していた直方体がコンポーネントになります。

🖝 Point

コンポーネントの作成時に、「常にカメラに対面する」にチェックを付けると、このファイルに入っている人物のように、常にカメラ側を向くようになります。

グループとコンポーネントを理解する　69

● グループとコンポーネントの違いを確認する

両者の違いを説明するために配列コピーをします。

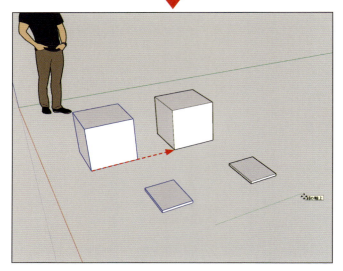

❶ 立方体と直方体を選択し、「ツールバー」→［移動］をクリックします。

Point
グループやコンポーネントは一つの固まりになるので、クリックすると線や面でなく、グループやコンポーネントごとに選択されます。

❷ Ctrl キーを押すとマウスポインター近くに［＋］が表示され、コピーモードになります。コピーの始点と終点（左図の矢印の始点と終点）をクリックします。距離は任意で構いません。

Point
「移動」ツールは Ctrl キーを押すとコピーモードになります。Ctrl キーを押すタイミングは、2 点目（コピーの終点）のクリックをする前であれば、いつでも OK です。

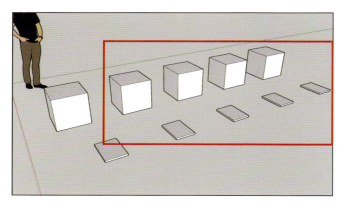

❸ コピーされたら値制御ボックスに［*4］と入力します。4 個の配列コピーができます。

Check
入力する値は、*4 でも 4* でも結果は同じになります（同じように、/3 と 3/ は同じ結果になります）。

MEMO　配列コピーのやり直し

次の操作に移らなければ、配列コピーで［*4］と入力したあとですぐに［*2］などと入力すると、やり直しが何度でもできます。

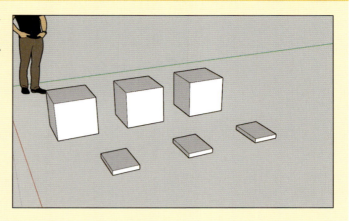

また、コピーされたあとで［/2］と入力すると2分割のコピーができます。

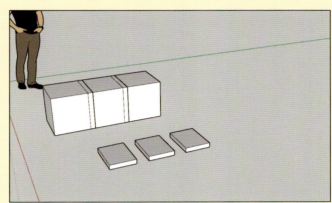

［/3］と入力すると、3分割のコピーができます。

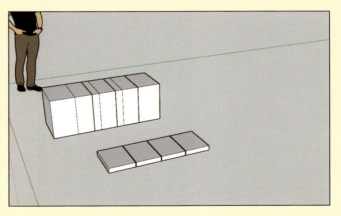

なお、配列コピーの場合の数値は増やす数であり、コピー元を含んだコピーの総数ではありません。分割コピーの場合の数値は分割する数であり、こちらもコピー元を含んだコピーの総数ではありませんので注意が必要です。

● グループを編集する

作成した10個のオブジェクトを使って、グループとコンポーネントの違いを説明します。グループとコンポーネントの特性の違いを理解して、使い分けましょう。まずは、グループを編集します。

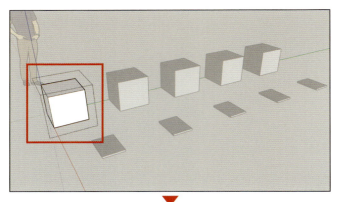

❶グループにした立方体の一つをダブルクリックします。
グループを編集するモードになります。

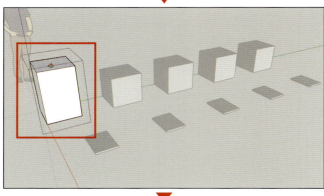

❷［プッシュ/プル］ツールを使ってオブジェクトを編集します。

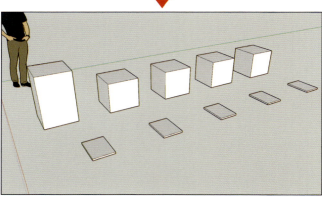

❸グループを囲っている破線の外側をクリックすると、グループの編集モードが終了し、グループから出ることができます。

☞ Point

グループやコンポーネントの編集モードを終了するには、破線の外部をクリックする方法以外に、［編集］→［グループ/コンポーネントを閉じる］をクリックする方法もあります。拡大して画面いっぱいで編集しているときは、こちらの方法を使うと便利です。ショートカットキー（P.40参照）を登録して使うとさらに便利になります。

▶ コンポーネントを編集する

続けて、コンポーネントを編集します。グループを編集したときとの違いを確認しましょう。

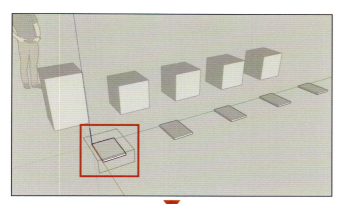

❶ コンポーネントにした直方体の一つをダブルクリックしてコンポーネントの編集モードに入ります。

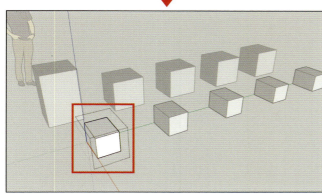

❷ グループと同じように［プッシュ/プル］ツールを使ってオブジェクトを編集します。

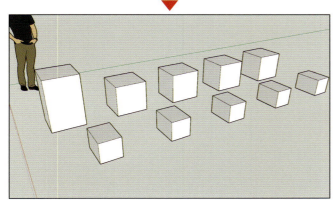

❸ グループのときとは異なり、コンポーネントはコピーされたもの全てが同じように変更されます。
どのコンポーネントを編集しても結果は同じです。

☞ Point

このような違いを理解して、グループにするかコンポーネントにするかを判断します。

▶ グループ以外を非表示にする

編集しているグループやコンポーネント以外を非表示にする方法を紹介します。

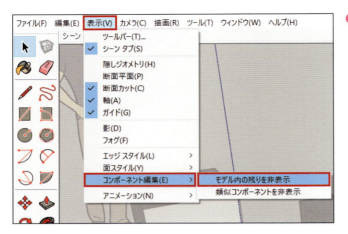

❶[表示]メニューの[コンポーネント編集]→[モデル内の残りを非表示]をクリックすると、他のモデルが非表示になります。

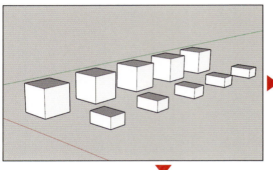
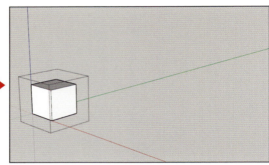
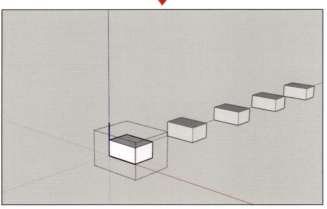

❷コンポーネントを編集しているときは、同じコンポーネントだけはまだ表示されています。

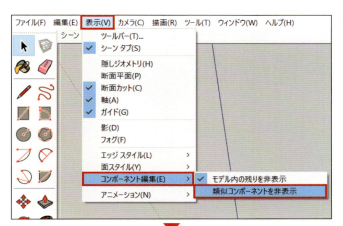

❸このコンポーネントも非表示にしたいときには、[表示] メニューの [コンポーネント編集]→[類似コンポーネントを非表示] をクリックします。

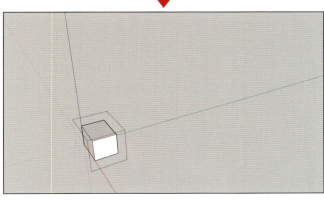

❹編集中のコンポーネント以外は非表示になります。

📖 MEMO　グループやコンポーネントの入れ子

グループやコンポーネントは入れ子にすることができます。
10個のオブジェクト（グループ5個＋コンポーネント5個）を選択して、この10個をまとめてグループやコンポーネントにすることができます。何重にもできます。

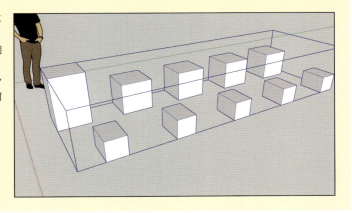

グループとコンポーネントを理解する　75

SECTION 07 レイヤを理解する

サンプルファイル　Model-02-07-start.skp

SketchUpも他のCADソフトや画像ソフトと同じように、レイヤ（layer：層）があります。ここでは、レイヤについて説明します。

▶ レイヤの使い方

レイヤは、各エンティティを格納する層のことです。各エンティティは必ずどれかのレイヤに属します。各エンティティをいくつかのレイヤに分類し、作業しやすいように関係ないレイヤを一時的に非表示にしたり、また複数案を異なるレイヤに入れてプレゼンしたりして使います。CADソフトや画像ソフトでのレイヤと同様の機能です。

まずは、レイヤはどのようにして使うかを説明します。

❶サンプルファイル「Model-02-07-start.skp」を開き、[レイヤ]トレイを開きます。

このファイルには、「Layer0」「樹木」「添景」の3つのレイヤがあります。

「可視」のチェック欄は、表示／非表示を設定します。

❷「樹木」と「添景」のレイヤの「可視」のチェックを外すと、下図のように樹木と添景が非表示になります。

❸「Layer0」レイヤの「可視」のチェックを外そうとすると、左図のように「現在のレイヤを非表示にすることはできません」と表示されます。「現在のレイヤ」とはレイヤ名の左側の丸印が黒丸になっているレイヤです。

☞ Point

オブジェクトを作成すると、レイヤ名の左側の丸印が黒丸になっている「現在のレイヤ」に入ります。

MEMO 「Layer0」を非表示にする

「Layer0」レイヤを非表示にするときには、まず「現在のレイヤ」を「Layer0」以外のレイヤ、たとえば「樹木」のレイヤにします。レイヤ名の左側の白丸をクリックすると、黒丸にかわり、「現在のレイヤ」になります。そして「Layer0」レイヤの「可視」のチェックを外すと「Layer0」レイヤが非表示になります。なお、すべてのレイヤを非表示にはできません。

レイヤを理解する

▶ レイヤ内のオブジェクトを確認する

各オブジェクトがどのレイヤに入っているかを確認する方法を紹介します。

❶車を選択します。

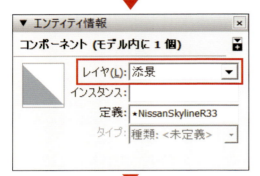

❷[エンティティ情報]トレイを開きます。どのレイヤに属しているかが表示されます。

❸「レイヤ」の欄を変えることにより、他のレイヤに変更することができます。
「樹木」レイヤに変更します。

❹車が「樹木」レイヤに移動します。
「樹木」レイヤを非表示にすると、車も非表示になることが確認できます。

◉ レイヤを作成する

レイヤを作成する方法を紹介します。

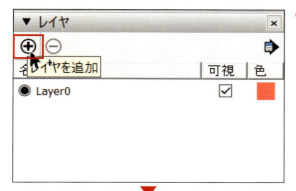

❶ [ファイル]→[新規]で新しくファイルを作成し、[レイヤ]トレイを開き、[レイヤを追加]をクリックします。

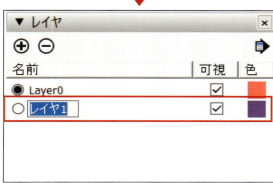

❷ 新しいレイヤが作成されるので、必要に応じて名前をつけます。
ここでは、そのまま「レイヤ1」とします。

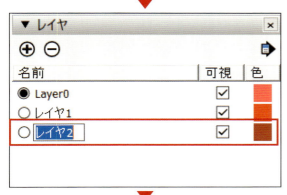

❸ もう一つ追加します(名前は「レイヤ2」になります)。

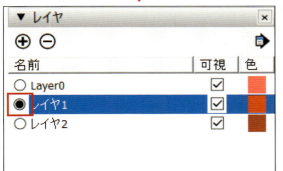

❹ 「レイヤ1」レイヤの左の白丸をクリックして、「レイヤ1」レイヤを「現在のレイヤ」にします。

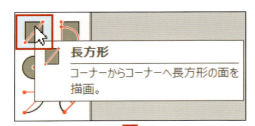

❺「ツールバー」の[長方形]ツールをクリックします。

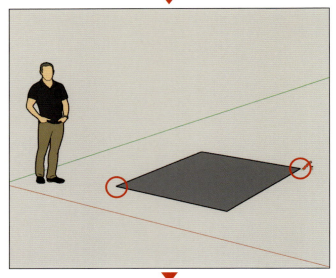

❻任意の2点をクリックすると、その2点を対角線とする長方形が作成されます。「レイヤ1」レイヤに長方形が作成されました。

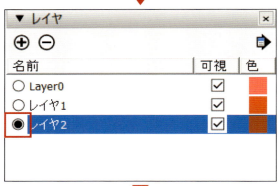

❼次に「レイヤ2」レイヤの左の白丸をクリックして、「レイヤ2」レイヤを「現在のレイヤ」にします。

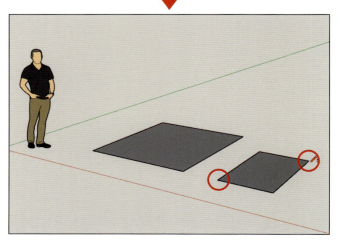

❽[長方形]ツールで先ほどの長方形の右側に、長方形を作成すると、これは「レイヤ2」レイヤに入ります。

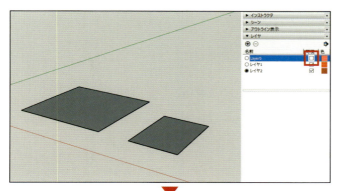

❾「Layer0」の可視のチェックを外すと、「Layer0」レイヤに属している人間の添景が非表示になります。

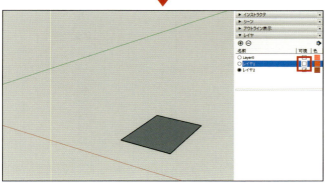

❿「レイヤ1」の可視のチェックを外すと、「レイヤ1」レイヤに属している左側の長方形が非表示になります。

● レイヤの記憶

各レイヤの表示、非表示を記憶させるには、第2章Sec.11の「シーン」を使います。
「表示レイヤ」のチェックを付けてシーンを登録すると、各レイヤの表示、非表示がそのシーンに記憶されます。

レイヤを理解する　81

▶ グループやコンポーネントとレイヤ

グループやコンポーネントとレイヤの関係は複雑です。実際に確認してみましょう。

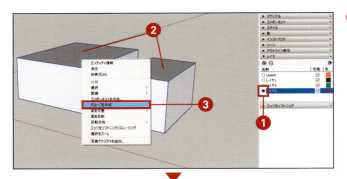

❶左側の直方体は「レイヤ1」、右側の直方体は「レイヤ2」で作成してあります。「現在のレイヤ」を「レイヤ3」にして❶、二つの直方体を選択して❷、グループにします❸。

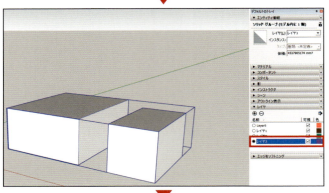

❷できた「グループ」のレイヤは、「レイヤ3」になります。

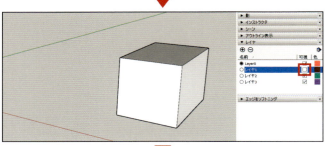

❸「レイヤ1」の「可視」を外すと、左側の直方体が非表示になります。

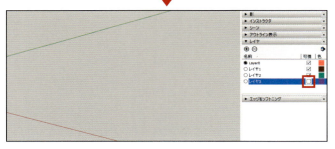

❹「レイヤ1」と「レイヤ2」の「可視」にチェックを付けて、「レイヤ3」の「可視」のチェックを外すと、「レイヤ3」に属しているグループに含まれているオブジェクトは全て非表示になります。

このように、オブジェクト自体があるレイヤと異なるレイヤでグループを作成した場合、オブジェクトはグループを作成したレイヤに移動せず、オブジェクトとグループが別のレイヤに作成されるため、混乱しやすくなります。そのため、「現在のレイヤ」を変えながらオブジェクトを作成していくと、レイヤ管理がうまくいかないことがあります。

そこで、オブジェクトは全て「Layer0」で作成し、グループやコンポーネントでレイヤ分けをする方法、あるいはレイヤは使わず、グループやコンポーネントを表示／非表示にすることでレイヤの代わりにするという方法を使いましょう。

▶ レイヤの色で表示する

どのオブジェクトがどのレイヤに属しているかを色で表示できます。

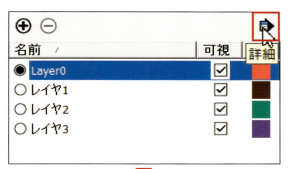

❶「レイヤ」トレイで右上の[詳細]をクリックします。

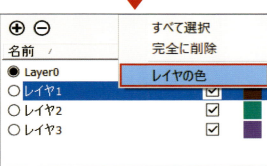

❷メニューの中の[レイヤの色]をクリックします。

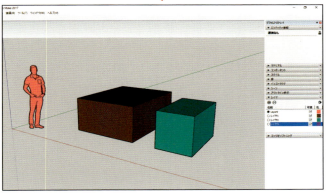

❸レイヤごとに色分けされて表現され、一目でどのレイヤかが分かります。

■ Chapter2　SketchUp の基本を理解する

SECTION 08　エンティティやオブジェクトの表示/非表示を切り替える

　サンプルファイル　Model-02-08-start.skp

エンティティ（線、面）やオブジェクト（物体）を削除してしまうのではなく、非表示にすることができます。レイヤ単位であれば、前節のようにレイヤごとに非表示にできますが、ここでは、エンティティを個別に非表示にする方法を紹介します。

▶ エンティティを非表示にする

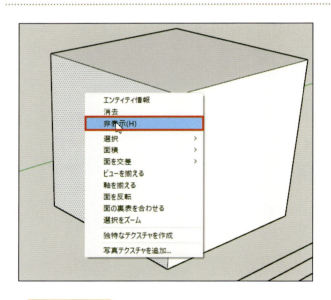

❶ サンプルファイル「Model-02-08-start.skp」を開きます。
非表示にしたいエンティティを選択します。左図の場合は左側の面を選択しています。選択した面の上で右クリックして［非表示］をクリックします。

MEMO　全てのエッジを非表示にする

全てのエッジを非表示にしたいのであれば、「スタイル」トレイの「編集」タブをクリックして、「エッジ」のチェックを外します。

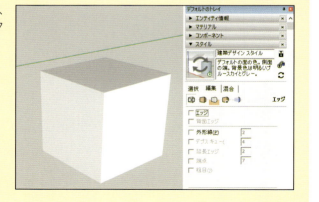

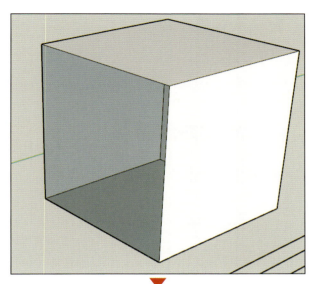

❷エンティティが非表示になります。

👉 Point

線と面では右クリックメニューの内容が変わります。また、非表示にしたいエンティティがひとつであれば、クリックせずそのエンティティの上にマウスポインターを移動して、右クリックしても構いません。

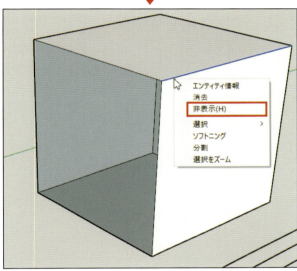

❸同じ方法で線（エッジ）1本を非表示にします。

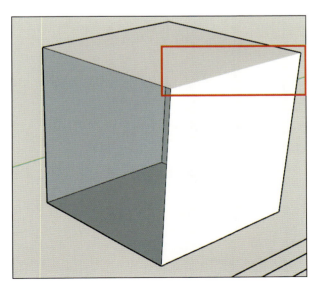

● 非表示にしたエンティティを表示する

非表示にしたエンティティを表示する方法を紹介します。

❶ [表示]メニューの[隠しジオメトリ]をクリックします。

☞ Point

ジオメトリとは、モデルの形状要素のことです。

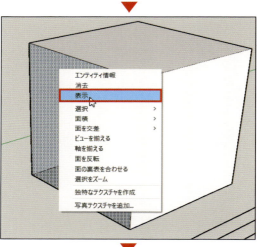

❷ 非表示になっていたエンティティが点線や網掛けで表示されます。表示させたいエンティティを選択して、右クリックして[表示]をクリックすると、表示されます。

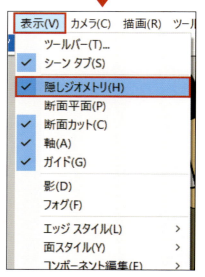

❸ [表示]メニューの[隠しジオメトリ]をクリックして、元に戻します。

▶ 消しゴムツールで非表示にする

次に消しゴムツールを使って非表示にする方法を紹介します。

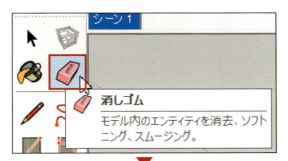

❶「ツールバー」の[消しゴム]をクリックします。

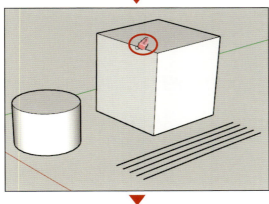

❷ Shift キーを押しながらエンティティをクリックすると、クリックしたエンティティが非表示になります。

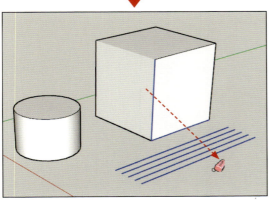

❸ Shift キーを押しながらドラッグすると、マウスポインターがふれたエンティティが連続で非表示になります。

☞ Point

ドラッグするときにマウスポインターを速く移動させると飛ばしてしまうので、ゆっくり動かします。

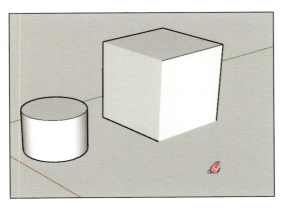

■ Chapter2 SketchUp の基本を理解する

SECTION 09 マテリアルを理解する

サンプルファイル Model-02-09-start1.skp

この節では、マテリアル（material：素材、材料）について説明します。マテリアルは、タイルやコンクリートなどの素材のことです。形状だけのオブジェクトにマテリアルを適用し、素材感を与え、よりリアルにしていきます。

● マテリアルを適用する

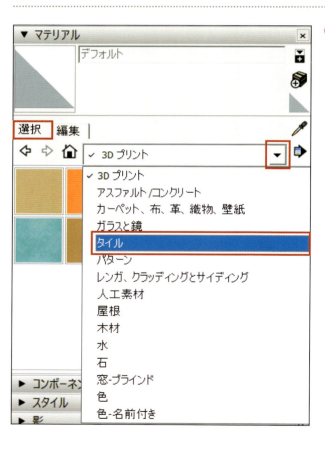

❶ サンプルファイル「Model-02-09-start1.skp」を開き、[マテリアル]トレイの[選択]をクリックします。左図のように「マテリアルコレクション」から[タイル]をクリックします。

❷[チェッカータイル白黒]をクリックします。

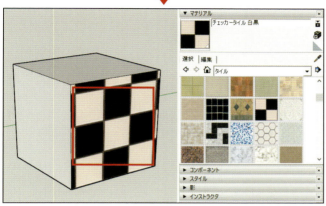

❸マテリアルをクリックするとペイントモードになるので、左図のように面をクリックすると、その面に[チェッカータイル白黒]マテリアルがペイントされます。

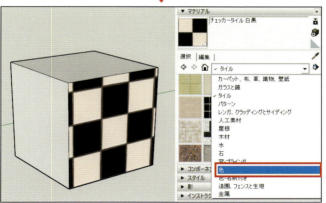

❹「マテリアルコレクション」を「タイル」から[色]に変えます。
左の面に任意の色をペイントします。

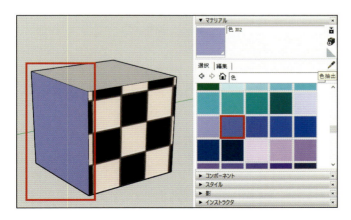

マテリアルを理解する

● マテリアルを編集する

すでにオブジェクトにペイントされているマテリアルを編集するときには、まずそのマテリアルを抽出する必要があります。

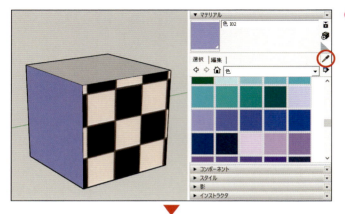

❶右上の[色抽出]をクリックし、[チェッカータイル白黒]マテリアルがペイントされている右側の面をクリックすると、抽出されます。

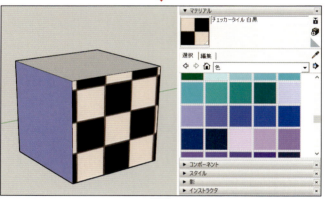

❷抽出されると、矢印部分に抽出されたマテリアルが表示されます。

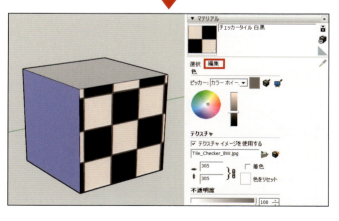

❸[編集]をクリックします。

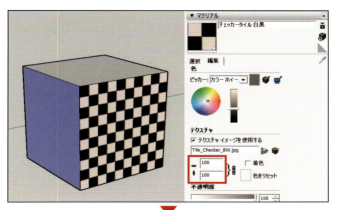

❹タイルの大きさを変えてみます。
「テクスチャ」の画像の大きさを「305」から「100」に変更すると、左図のようにタイルの大きさが変わります。

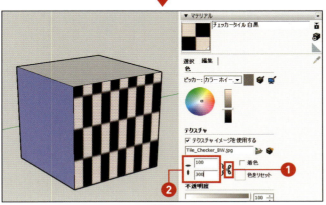

❺チェーンマークをクリックするとチェーンが外れた表示に変わり、横と縦の比率を変えることができます❶。
ここでは「W100」「H300」に変更します❷。

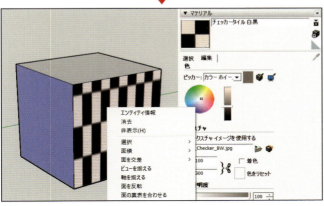

❻マテリアルの位置や角度を変更してみます。
変更したい面の上で右クリックして[テクスチャ]→[位置]をクリックします。

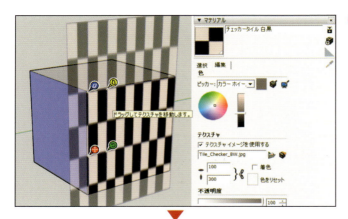

❼マテリアルを編集するモードに変わります。ドラッグするとマテリアルが移動するので、タイル割りを調整できます。

❽90度回転させるには、右クリックして[回転]→[90]をクリックします。

❾右クリックして[完了]をクリックすると、編集モードが終了します。

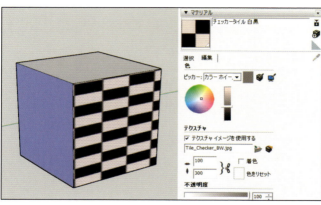

▶ まとめてペイントする　サンプルファイル　Model-02-09-start2.skp

複数のオブジェクトにまとめてペイントする方法もあります。

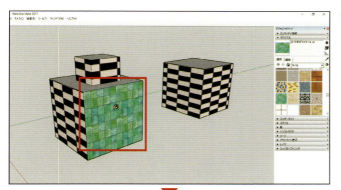

❶「Model-02-09-start2.skp」を開き、マテリアルを選んでからオブジェクトをクリックすると、その面だけがペイントされます。

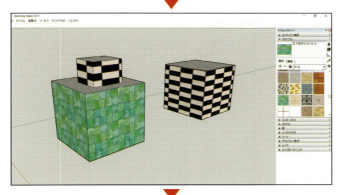

❷ Ctrl キーを押しながらクリックすると、その面と連続している同じマテリアルが一緒にペイントされます。

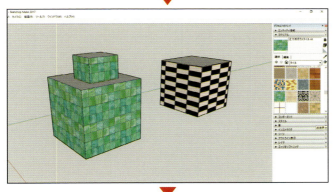

❸ Ctrl + Shift キーを押しながらクリックすると、そのオブジェクトにある同じマテリアルが一緒にペイントされます。

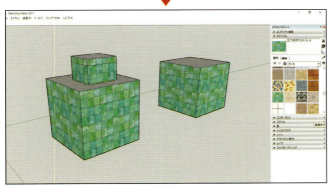

❹ Shift キーを押しながらクリックすると、モデル内の同じマテリアルすべてが一緒にペイントされます。

▶ グループやコンポーネントとマテリアルの関係を理解する　サンプルファイル　Model-02-09-start3.skp

モデルやコンポーネントのマテリアルはレイヤと同様に複雑です。
実際に確認してみましょう。

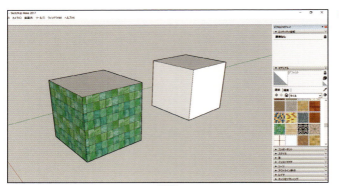

❶「Model-02-09-start3.skp」を開きます。このモデルでは、左図のようにマテリアルがペイントされています。

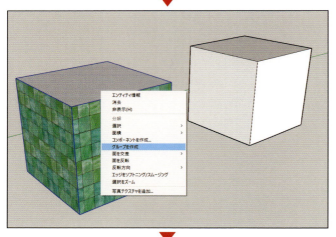

❷二つの立方体をそれぞれグループにします。

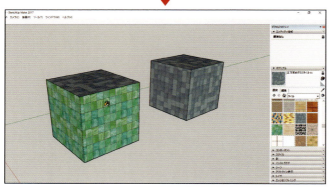

❸それぞれのグループに新しいマテリアルをペイントすると左図のようになります。その面にマテリアルがペイントされるのではなく、グループにペイントされます。グループのマテリアルよりも各エンティティのマテリアルが優先されます。

☞ Point

エンティティにマテリアルをペイントするのか、それともグループやコンポーネントにマテリアルをペイントするのかは、ケースバイケースで判断します。

▶ マテリアルをエクスポート／インポートする

マテリアルは、画像データとしてエクスポート（出力）することができます。出力したマテリアルの画像データを画像編集ソフトで編集し、再度インポート（読み込み）して利用できます。

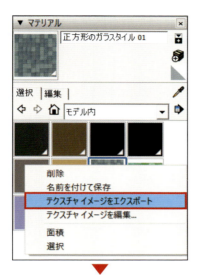

❶ モデル内にペイントされているマテリアルは、[選択]の「マテリアルコレクション」の[モデル内]にあります。マテリアルをクリックし、右クリックして[テクスチャイメージをエクスポート]をクリックします。

❷ 画像データをエクスポートできるので、エクスポートしたあと画像編集ソフトを使って編集します。

❸ 編集した画像をインポートするには、[編集]で[マテリアルイメージファイルを参照]をクリックして、取り込みます。

マテリアルを理解する 95

SECTION 10 スタイルを設定する

サンプルファイル　Model-02-10-start.skp

この節では、スタイルについて説明します。スタイルでは、線の太さやマテリアルの表現、背景などを設定できます。オブジェトを作成したあとに、スタイルを使ってさまざまな表現ができます。豊富な表現力とスピード感は、SketchUpの大きな特徴となっています。

▶ スタイルを編集する

「スタイル」トレイの「編集」をクリックすると、エッジ／面／背景／透かし／モデリングの5つのスタイルを編集できます。

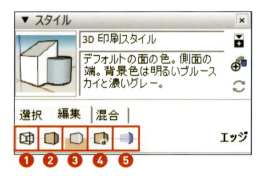

❶ エッジ：線の太さ、表現、色などの編集
❷ 面：表・裏の面の色、ワイヤーフレームや隠線などの面のスタイルなどの編集
❸ 背景：空や地面の背景の編集
❹ 透かし：画像を取り込んで背景に使ったりする編集
❺ モデリング：選択したときの色や断面カットの色などの編集

▶ エッジのスタイルを編集する

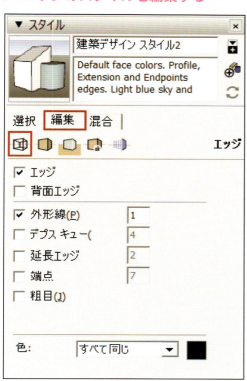

❶サンプルファイル「Model-02-10-start.skp」を開き、[スタイル]トレイを開きます。
[編集]タブの[エッジ設定]でエッジ(線)の太さや表現を変更できます。

● 外形線の太さ：6

● 延長エッジ：10

● 端点：10

スタイルを設定する　97

▶ 面のスタイルを編集する

[編集]タブの[面設定]をクリックすると、面の表現を変更できます。

● ワイヤーフレームモードで表示

● 隠線モードで表示

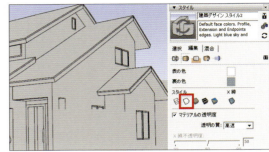

● シェーディングモードで表示

● テクスチャ付きシェーディングモードで表示

▶ 背景のスタイルを編集する

[編集]タブの[背景設定]をクリックすると、空や地面の背景を変更できます。

「空」のチェックを外すと、空の部分がその上の欄の「背景」の色で表示されます。

背景のその他の設定は、次の通りになります。
- 空も地面もチェックが付いていると、背景の色はどこにも表示されません。
- 「地面」にチェックが付いていると、赤い軸と緑の軸の面（XY面）に色が付きます。
- 透明度のスライダーを左にするほど地面の透明度がなくなり、地面より下のオブジェクトは見えなくなっていきます。
- 「下から地面を表示する」のチェックが付いていると、視点を地面の下にして見上げたときに地面が表示されます。

MEMO　オリジナルスタイルの作成

オリジナルなスタイルを作り、保存することができます。

❶「新しいスタイルを作成」をクリックします。

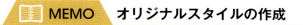

❷スタイルの名前をつけます。

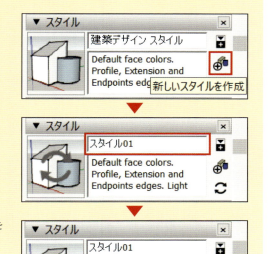

❸スタイルの内容を変更して、[変更を使ってスタイルを更新]をクリックします。

❹選択欄に新しく「スタイル01」ができます。

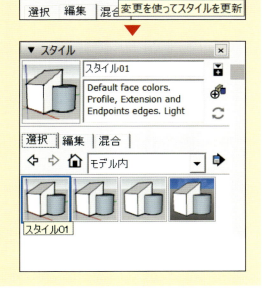

▶ 背景に画像を入れる

❶背景に画像を入れるには、[編集]タブの[透かし設定]をクリックします❶。[透かしを追加]をクリックします❷。

❷「02-10-scenery.jpg」を選択して開きます。

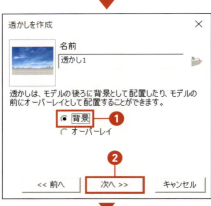

❸[背景]にチェックを付けて❶、[次へ]をクリックします❷。

❹「ブレンド」を「イメージ」側にして❶、[次へ]をクリックします❷。

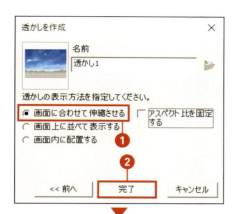

❺「画像に合わせて伸縮させる」にチェックを付けて❶、[完了]をクリックします❷。

❻背景が画像になります。

▶ **セットされたスタイルを選択する**

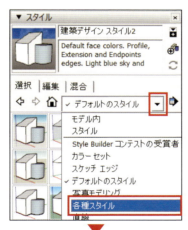

❶[スタイル]トレイの[選択]タブの「マテリアルコレクション」からセットされたスタイルを選択できます。[各種スタイル]をクリックします。

❷[鉛筆と水彩画用紙]をクリックするとこのような画像になります。

👉 Point

このようにワンクリックでさまざまな表現に変更できます。
また、この表現のままモデルの編集もできます。

SECTION 11 シーンを使う

サンプルファイル　Model-02-11-start.skp

この節では、シーンについて説明します。シーンには、カメラの位置や表示するレイヤなどを設定します。複数のシーンをつなげていくことでアニメーションも作成できます。

▶ シーンに保存できる設定

シーンでは以下の7項目を保存しておくことができます。
- ❶カメラの位置：視点の位置と見る方向（アングル）
- ❷隠しジオメトリ：各オブジェクトの表示、非表示
- ❸表示レイヤ：各レイヤの表示、非表示
- ❹アクティブな断面平面：どの断面平面をアクティブにするか
- ❺スタイルとフォグ：スタイルの設定とフォグの設定
- ❻影設定：影の月日、時間や濃淡
- ❼軸の位置：どの軸を使用するか

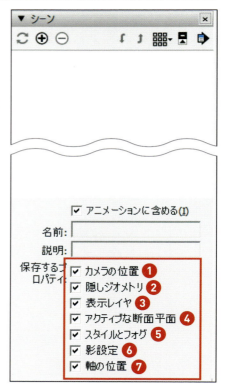

● シーンを作成する

第1章 Sec.04で操作したシーンの作り方を紹介します。サンプルファイル「Model-02-11-start.skp」を開きます。

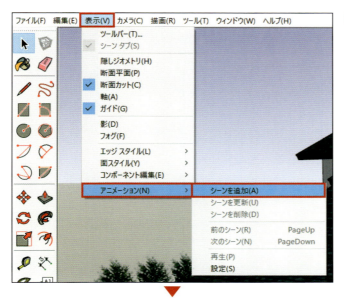

❶このファイルにはまだシーンが一つも作成されていません。[表示]メニューの[アニメーション]→[シーンを追加]をクリックします。

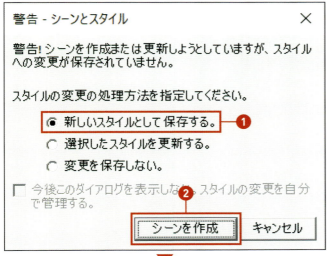

❷左図のようなメッセージが表示されるので、[新しいスタイルとして保存する]にチェックを付けて❶、[シーンを作成]をクリックします❷。

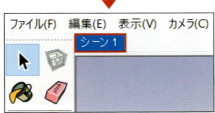

❸新しいシーン「シーン1」が作成されます。

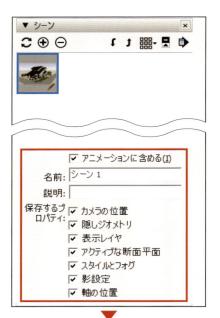

❹[シーン]トレイを開くと、作成した「シーン1」の詳細が表示されます。
保存するプロパティでチェックが付いている項目が、このシーンに保存される内容です。
シーンという名前は「カメラの位置」(アングル)を保存するという意味合いですが、実際には「カメラの位置」を保存せずに、レイヤの表示/非表示だけ保存して、複数案の切り替えに使う、というように多目的に使えます。

❺アングルを変えます。

❻シーンを追加するには、先ほどの[表示]メニューの[アニメーション]→[シーンを追加]でもできます。すでにシーンがある場合は、シーンの上で右クリックして[追加]をクリックすると、「シーン2」ができます。

❼さらにアングルを変えて、[シーン3]を作成します。

▶ アニメーションを再生する

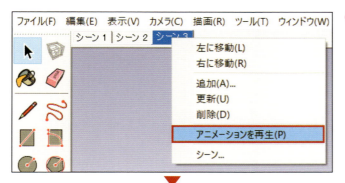

❶ シーンの上で右クリックして［アニメーションを再生］をクリックすると、アニメーションが始まります。

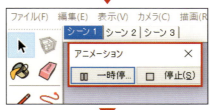

❷ 左上の［アニメーション］で［一時停止］や［停止］操作ができます。

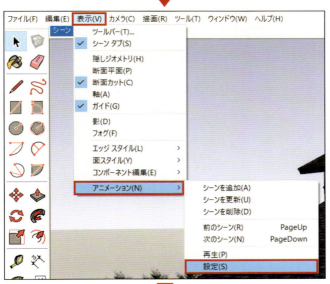

❸ アニメーションのスピード調整は、［表示］メニューの［アニメーション］→［設定］をクリックします。

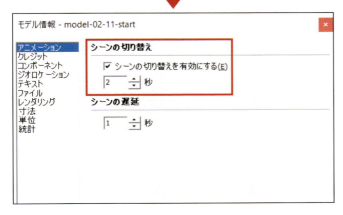

❹「シーンの切り替え」でシーン間のスピードや、各シーンで何秒止まるかの設定ができます。

● 影の動きをシーンに登録する

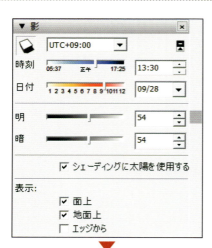

❶ [影] トレイで左図にように設定します。

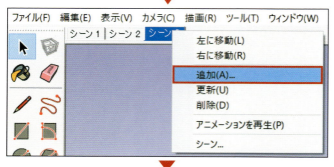

❷ シーンを追加します。

❸ [シーン] トレイで名前を [影1] とし、[カメラの位置] のチェックを外します。
これで、[影1] シーンには「カメラの位置」、アングルは保存されなくなります。

❹ 左上の [シーンを更新] をクリックします。

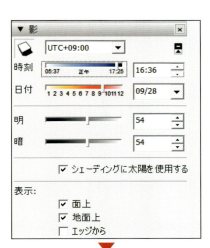

❺ 次に[影]トレイで左図のように設定します。

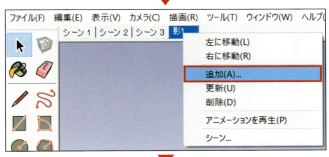

❻ [影1]シーンの上で右クリックして、シーンを追加します。

❼ [シーン]トレイで名前を[影2]とします。

❽ [影1]をクリックしてから[影2]をクリックすると、影が連続的に移動するのが分かります。

Point

[影1][影2]シーンでは[カメラの位置]のチェックを外しているので、アングルを変えてから、[影1][影2]シーンをクリックしても、アングルは変わりません。

シーンを使う　107

COLUMN

エクスポートできるファイル

SketchUp Pro では、作成した 3D モデルを次のファイル形式でエクスポートできます。SketchUp で作成したモデルをほかのソフトで編集、利用したいという場合は、そのソフトに対応するファイル形式でエクスポートします。

■3D モデル
- 3DS ファイル（.3ds）
- AutoCAD ファイル（.dwg/.dxf）
- COLLADA ファイル（.dae）
- FBX ファイル（.fbx）
- IFC ファイル（.ifc/.ifcZIP）
- Google Earth ファイル（.kmz）
- OBJ ファイル（.obj）
- VRML ファイル（.wrl）
- XSI ファイル（.xsi）
- 3D プリンタ用ファイル（.stl）

■2D モデル
- PDF ファイル（.pdf）
- EPS ファイル（.eps）
- JPEG ファイル（.jpg）
- PNG ファイル（.png）
- TIFF ファイル（.tif）
- BMP ファイル（.bmp）
- AutoCAD ファイル（.dwg/.dxf）

■断面スライス
- AutoCAD ファイル（.dwg/.dxf）

■アニメーションビデオ
- Uncompressed/Avi ファイル（.avi）
- Vp8 codec/Webm ファイル（.webm）
- Theore codec/Ogv ファイル（.ogv）
- H246 codec/Mp4 ファイル（.mp4）

■イメージセット
- JPEG ファイル（.jpg）
- PNG ファイル（.png）
- TIFF ファイル（.tif）
- BMP ファイル（.bmp）

Chapter 3

簡単な形状を作成する

SECTION 01 本棚を作成する

サンプルファイル　Model-03-01-start.skp

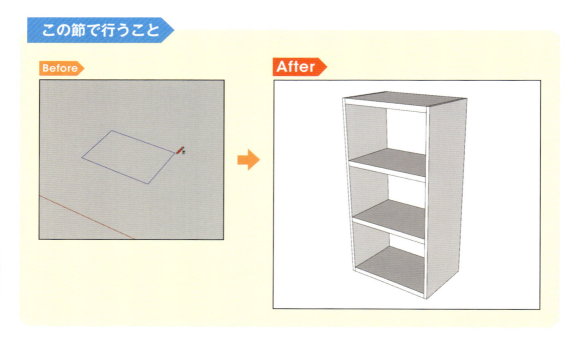

この節で行うこと
Before → After

▶ ツールを使って本棚を作成する

ここからは、作例を作りながらSketchUpのツールの使い方を説明していきます。
ここでは、本棚を作成します。長方形ツールで作成した四角形をプッシュ/プルツールで直方体にして横板や側板を作成します。作成した横板や側板はコンポーネントにして、移動やコピーをして本棚を完成させます。

STEP 1 横板を作成する

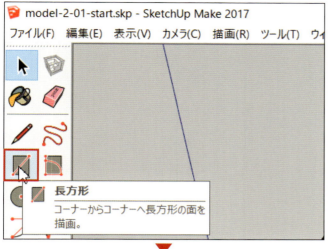

1 [長方形]ツールを実行する

[ファイル]→[開く]をクリックして、「model-3-01-start.skp」を開き、[ツールバー]→[長方形]をクリックします。

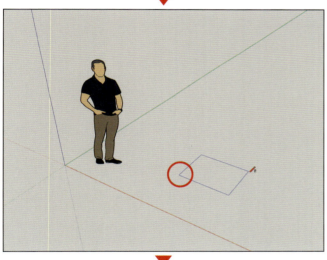

2 1点目を指定する

長方形のコーナーにあたる任意の位置をクリックします。

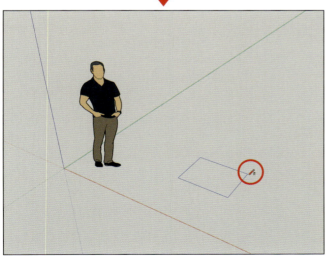

3 2点目と大きさを指定する

長方形の対角コーナー側にマウスポインターを移動して、値制御ボックスに[420, 300]と入力し、Enterキーを押します。420×300の長方形ができます。

| 寸法 | 420,300 |

Point

最初にクリックしてからマウスを動かした方向が、正の方向になります。
なお、上記ではクリックせずに数値を入力しましたが、クリックして仮の長方形を作成してから、数値を入力してもかまいません。

STEP 2 直方体を作成する

1 ［プッシュ/プル］ツールを実行する

［ツールバー］→［プッシュ/プル］をクリックします。

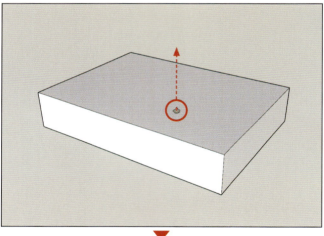

2 長方形を選択する

長方形をクリックして、マウスポインターを上の方に移動します。
値制御ボックスに半角で［25］と入力し、Enter キーを押します。

> **☛ Point**
> 長方形を「クリック」してマウスを移動するのではなく、上の方向に「ドラッグ」してもかまいません。

| 距離 | 25 |

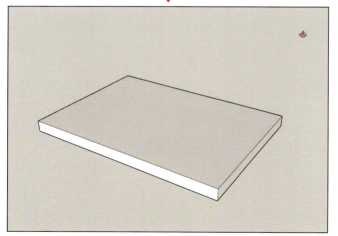

3 直方体が完成した

420×300×25の直方体（横板）が完成します。

STEP 3 **コンポーネントを作成する**

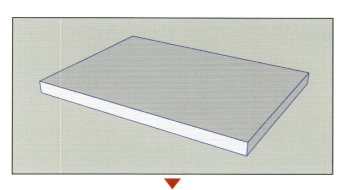

1 直方体を選択する

直方体をトリプルクリックして全体を選択します。

!Check

Ctrl + A キーでも全体を選択できます。ただし、この場合は、見えていないオブジェクトも選択されるので注意してください。

2 ［コンポーネントを作成］を実行する

［編集］メニューから［コンポーネントを作成］をクリックします。

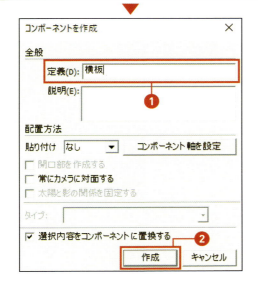

3 コンポーネントの名前を入力する

「定義」に［横板］と入力し❶、［作成］をクリックすると❷、直方体がコンポーネントになります。

本棚を作成する　113

STEP 4 側板を作成する

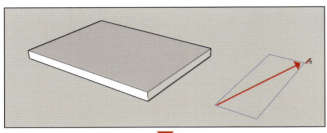

1 長方形を作成する

［ツールバー］→［長方形］ツールで、25 × 300 の長方形を作成します。

> **Point**
> 長方形を作るときは、左図の赤矢印の向きにドラッグしてもよいです。

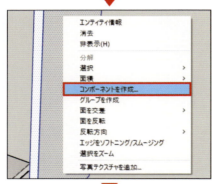

2 ［プッシュ/プル］で厚さを付ける

［ツールバー］→［プッシュ/プル］ツールで、1で作成した長方形を押しだし、高さ900の側板を作成します。

3 側板を選択する

できた側板をトリプルクリックして選択します。作成した側板のところで右クリックして［コンポーネントを作成］をクリックします。

> **Check**
> トリプルクリックしても、つながっていない横板は選択されません。

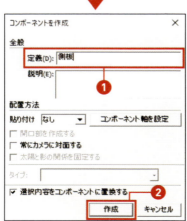

4 側板をコンポーネントにする

「定義」に［側板］と入力し❶、［作成］をクリックしてコンポーネントにします❷。

STEP 5 側板を移動する

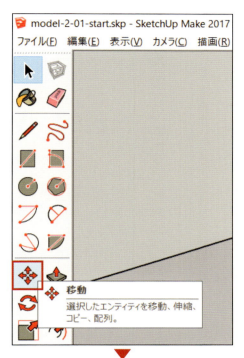

1 [移動]ツールを実行する

側板を選択し、「ツールバー」→[移動]ツールをクリックします。

> **Point**
> SketchUpでは、複写や移動などの操作をするときには、原則として先にオブジェクトを選択します。

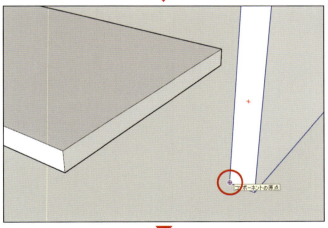

2 移動の基点を指定する

移動の起点となる点、この場合は側板の左手前下の端点（左図の赤丸）をクリックします。

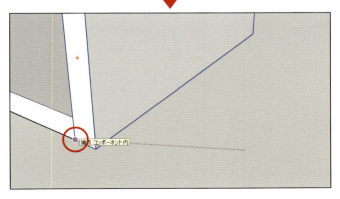

3 移動の終点を指定する

移動の終点となる点、この場合は横板の右手前下の端点（左図の赤丸）をクリックすると、移動完了です。

> **Point**
> ここでは、別の位置に側板を作成してから移動しましたが、最初から所定の位置で側板を作成する方法もあります。

STEP 6　側板と横板をコピーする

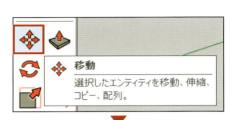

1　[移動]ツールを実行する

側板を選択してから、「ツールバー」→[移動]ツールをクリックします。

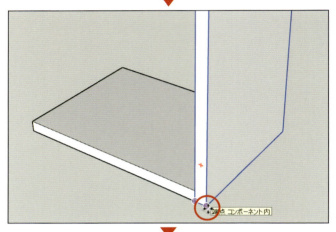

2　コピーモードにする

[Ctrl]キーを押すと、カーソル右下に+が現れて、コピーモードになります。
コピーの起点は、側板の右手前下(左図の赤丸)をクリックします。

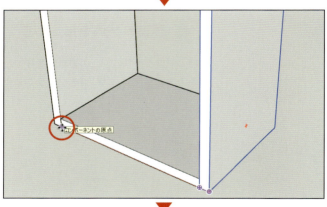

3　コピーの終点を指定する

コピーの終点は、横板の左手前下(左図の赤丸)をクリックします。

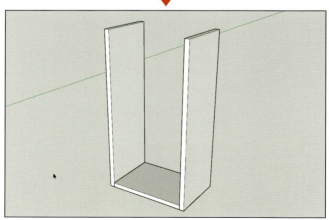

4　コピーが実行された

左図のように側板がコピーされます。

STEP 7　横板を配列コピーする

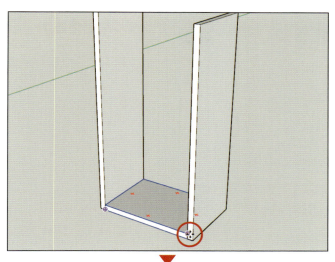

1　横板を選択する

横板を選択し、Ctrl キーを押してコピーモードにします。起点になる横板の右手前上（左図の赤丸）をクリックします。

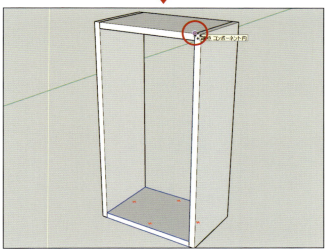

2　コピーの終点を指定する

コピーの終点として右側の側板の左手前上（左図の赤丸）をクリックします。
値制御ボックスに [/3] と入力し、Enter キーを押します。

| 距離 | /3 |

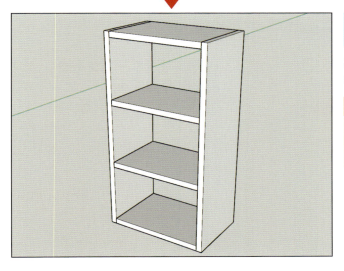

3　配列コピーされた

左図のように側板を3分割するように、横板がコピーされます。

Point

次の操作に移らなければ、配列コピーしたあとで [/5] や [/8] などと入力して、やり直しが何回でもできます。

本棚を作成する　117

STEP 8 裏板を作成する

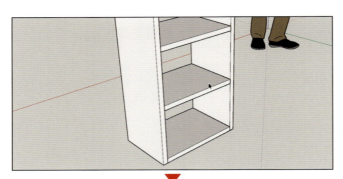

1 アングルを変える

オービットを使ってアングルを本棚の裏側にします。

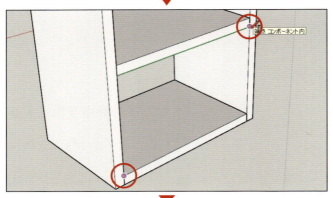

2 長方形を描く

「ツールバー」→［長方形］ツールをクリックし、左図の端点と端点をクリックします。

3 長方形を選択する

長方形の面が垂直方向にできます。
できた面をダブルクリックして選択し、右クリックして［コンポーネントを作成］をクリックします。

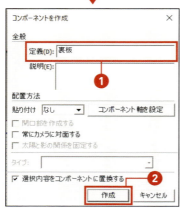

4 コンポーネントを作成する

名前を［裏板］と入力して❶、［作成］をクリックし❷、コンポーネントを作成します。

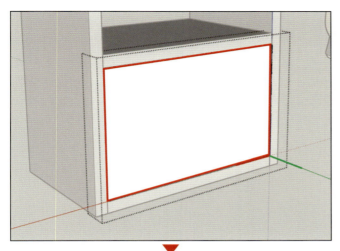

5 編集モードにする

作成したコンポーネントをダブルクリックして編集モードに入ります。

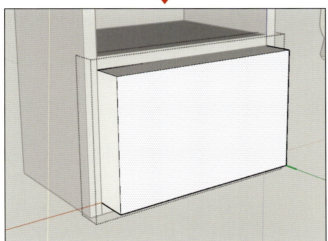

6 [プッシュ/プル]で厚さをつける

[プッシュ/プル]ツールで長方形を厚さ「10mm」の板にします。

| 距離 | 10 |

7 裏板が完成した

裏板ができました。

STEP 9 裏板を移動する

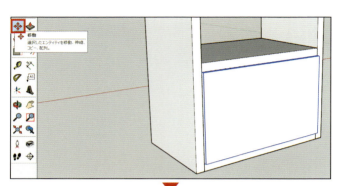

1 [移動]ツールを実行する

「ツールバー」→[移動]ツールをクリックします。

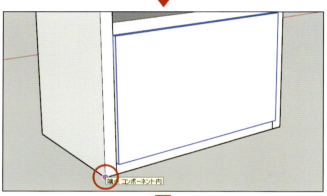

2 移動の基準点を指定する

10mm奥に移動したいので、移動の基準になる手前のコーナーの[端点コンポーネント]をクリックします。

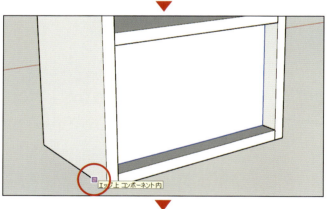

3 移動する方向を指定する

緑の軸に沿ってマウスポインターを奥に移動し、[エッジ上コンポーネント内]が表示された位置でクリックします。

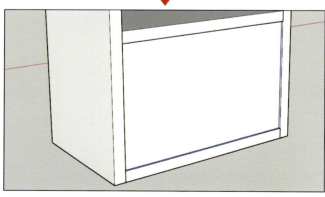

4 移動距離を入力する

[距離]に[15]と入力すると、移動します。

| 距離 | 15 |

STEP 10 裏板をコピーして本棚を完成させる

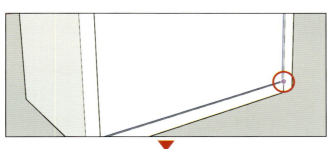

1 コピーモードにする

[移動]ツールをクリックし、[Ctrl]キーを押してコピーモードにします。
起点は、左図の赤丸をクリックします。

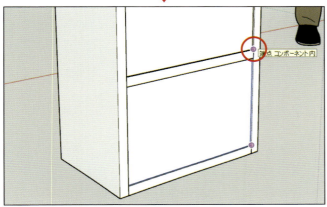

2 終点を指定する

終点は、左図の[端点コンポーネント]の位置でクリックするとコピーされます。

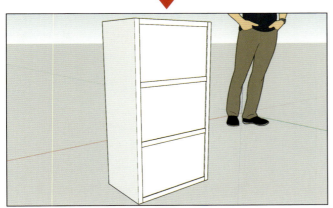

3 コピーする数を入力する

値制御ボックスに[*2]と入力すると、2つ配列コピーされます。

| 距離 | *2 |

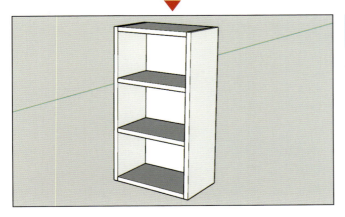

4 本棚が完成した

これで本棚が完成しました。

SECTION 02 テーブルを作成する

サンプルファイル　Model-03-02-start.skp

この節で行うこと

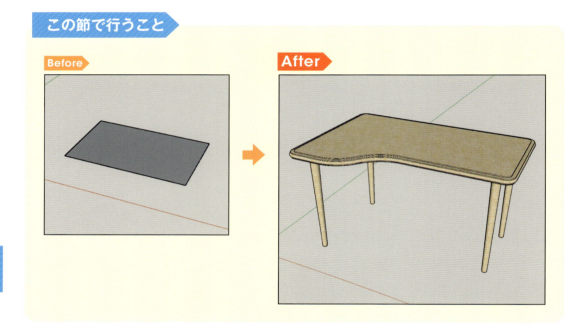

▶ ツールを使ってテーブルを作成する

ここでは、テーブルを作成します。天板は、線ツールで補助線を引き、円弧ツールでカーブを作成します。プッシュ／プルツールで立体にしたあと、メジャーツールやフォローミーツールを使って、天板のコーナーを丸くします。作成した天板は、エッジを滑らかにします。テーブルの脚は、円ツールとプッシュ／プルツールで作成し、尺度ツールを使って大きさを整えます。最後に、マテリアルツールで、木材のマテリアルを設定します。

STEP 1 天板を作成する

1 長方形を描く

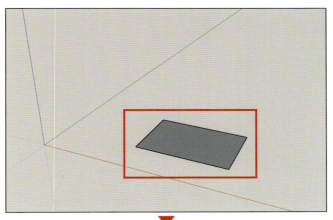

「ツールバー」→［長方形］ツールで1200×800の長方形を作成します。

2 ガイドを作成する

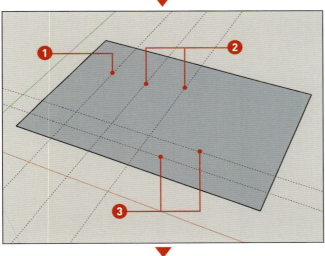

「ツールバー」→［メジャー］ツールで長方形の短辺をクリックして、内側にマウスポインターを移動し、［200］と入力して距離200の位置にガイドを作成します❶。
同様に「400」と「600」の位置にもガイドを作成します❷。長辺からは距離「100」と「200」の2本のガイドを作成します❸。

☞ Point

できたガイドをもとに次のガイドを作成することもできます。

3 ［線］ツールを実行する

カーブを作成するための補助線を引きます。「ツールバー」→［線］ツールをクリックします。

4 交点をつなぐ

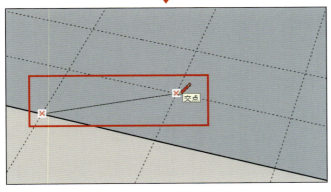

左図の位置の交点を線でつなぎます。

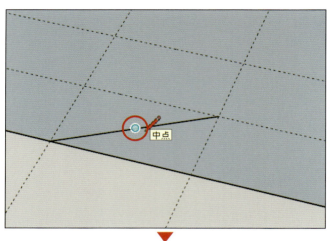

5 線の中点から線を引く

［線］ツールで続けて手順4で作成した線の［中点］をクリックします。

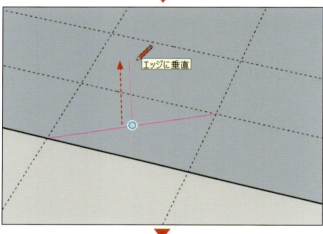

6 垂直方向を指定する

［エッジに垂直］が表示される方向にマウスポインターを移動します。

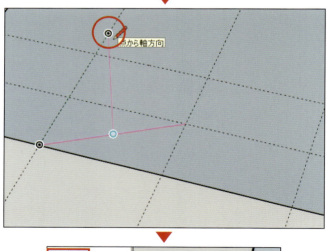

7 線の終点を指定する

ガイドと交わる点（［点から軸方向］が表示される点）でクリックします。

8 ［円弧］ツールを実行する

「ツールバー」→［円弧］をクリックします。

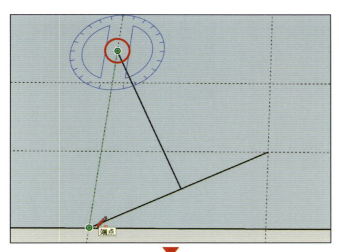

9 円弧の中心を指定する

線を作成した最後の点をクリックして円弧の中心とします。

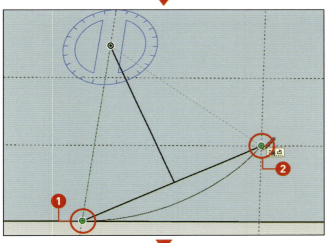

10 円弧を作成する

最初に作成した線の両端の[端点]をクリックして、円弧を作成します❶❷。

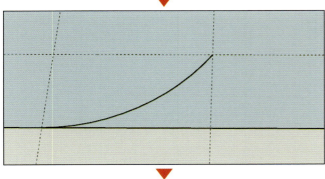

11 補助線を削除する

補助線はもう必要ないので、直線を2本とも削除します。

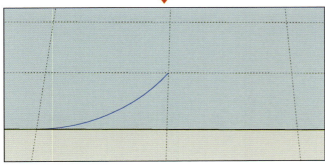

12 円弧を選択する

できた円弧を180度回転コピーします。円弧を選択します。

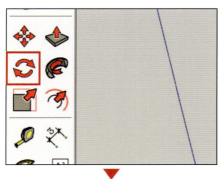

13 [回転]ツールを実行する

「ツールバー」→[回転]をクリックします。

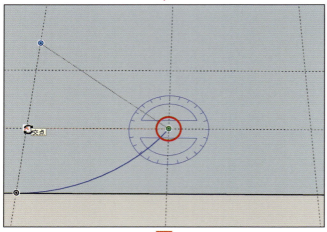

14 回転の中心を指定する

円弧の右端をクリックして、回転の中心とします。

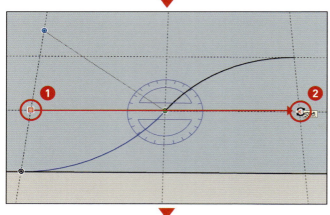

15 回転コピーする

Ctrlキーを押してコピーモードにします。回転の始点をクリックして❶、2点目に180度回転した終点をクリックすると❷、180度の回転コピーができます。

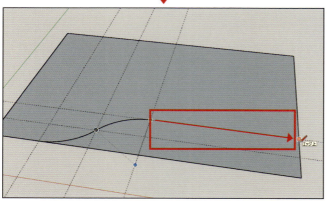

16 線を描く

「ツールバー」→[線]ツールで左図の位置に線を作成します。

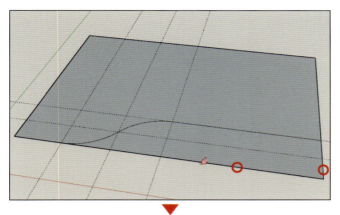

17 線を削除する

「ツールバー」→［消しゴム］ツールで左図の２つの線を削除します。

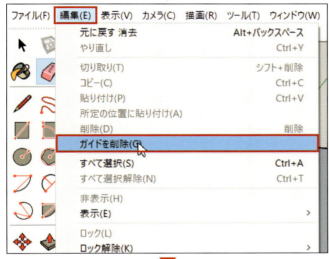

18 ガイドを削除する

［編集］メニューの［ガイドを削除］をクリックして、ガイドを削除します。

19 ［プッシュ/プル］ツールを実行する

「ツールバー」→［プッシュ/プル］ツールをクリックします。

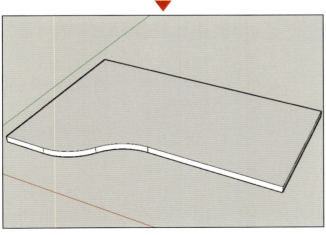

20 厚さを指定する

厚さ［30］を入力すると、左図のようにテーブルの天板が作成できます。

STEP 2 天板の角に丸みをつける

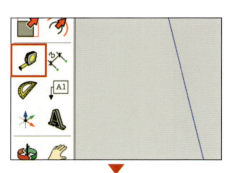

1 [メジャー] ツールを実行する

次にコーナーを丸くします。
「ツールバー」→[メジャー]ツールをクリックします。

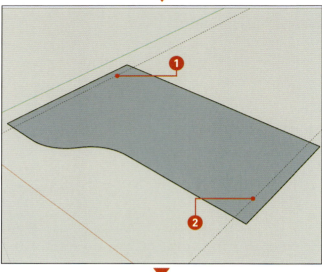

2 ガイドを作成する

左右の短辺をクリックして内側に長さ50のガイドを作成します❶❷。

| 長さ | 50 |

3 [2点円弧] ツールを実行する

「ツールバー」→[2点円弧]をクリックします。

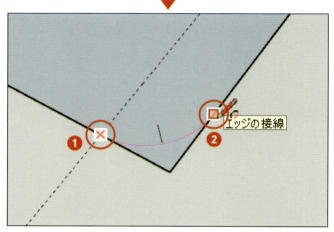

4 円弧の2点を指定する

1点目をガイドとエッジの交点❶、2点目を[エッジの接線]でクリックします❷。

☞ Point

終点をダブルクリックすると、円弧の外の線を消すことができます。

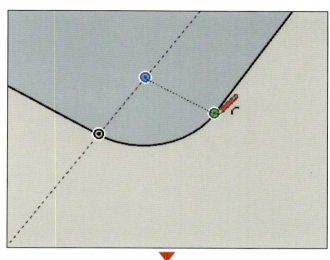

5 線を削除する

円弧の外の線を削除します。

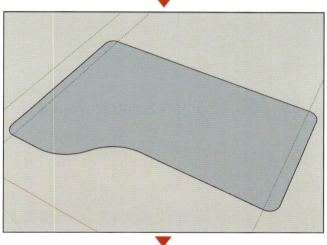

6 他のコーナーも丸める

他のコーナーも同様に丸くします。

7 [プッシュ/プル]ツールを実行する

「ツールバー」→[プッシュ/プル]をクリックします。

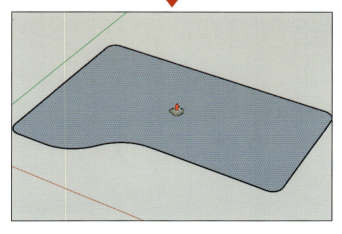

8 厚さを指定する

厚さ[30]の天板を作成します。

STEP 3　天板の小口に丸みをつける

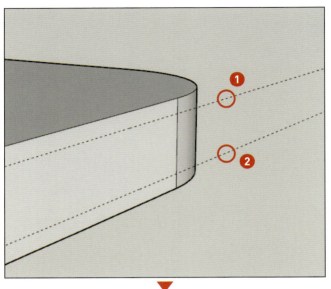

1　ガイドを作成する

[メジャー]ツールで天板の上から5mm❶、下から5mmの位置にガイドを作成します❷。

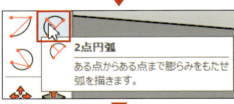

2　[2点円弧]ツールを実行する

「ツールバー」→[2点円弧]をクリックします。

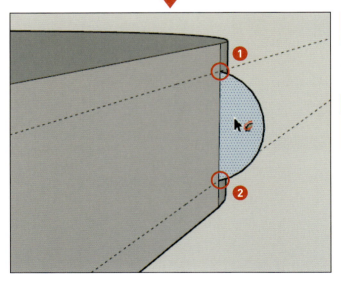

3　2点を指定して円弧を描く

左図のようなアングルにして円弧の両端をクリックし❶❷、距離を[7]にします。

> 👉 **Point**
> SketchUpでは、必要に応じて作図しやすいアングルに変更して作図しましょう。

4 ［フォローミー］ツールを実行する

天板を選択して、「ツールバー」→［フォローミー］をクリックします。

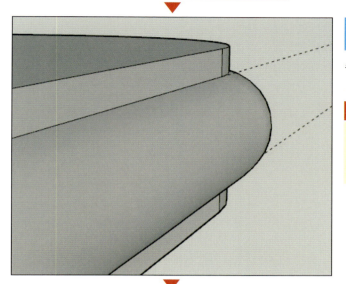

5 円弧の面を選択する

手順3で作った円弧の面をクリックすると、左図のようになります。

☞ Point

［フォローミー］はクリックする順番が大事です。
パスの面を選択→［フォローミー］ツール→基準断面を選択という順番でクリックします。

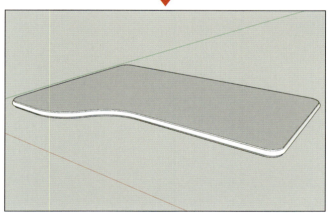

6 天板が完成した

丸みをもった天板ができました。

STEP 4 天板に薄い板を張る

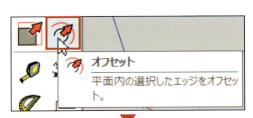

1 [オフセット]ツールを実行する

天板を選択して、「ツールバー」→[オフセット]をクリックします。

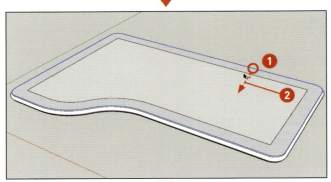

2 天板をオフセットする

天板のエッジをクリックして❶、内側に向かってマウスポインターを移動します❷。

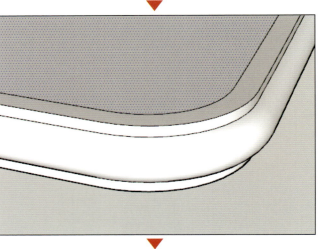

3 オフセット距離を指定する

値制御ボックスに[10]と入力すると、10mm内側に面ができます。

距離	10

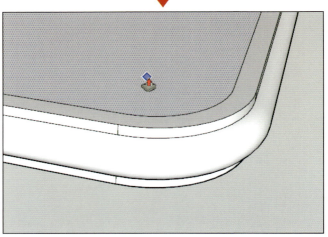

4 板を作成する

「ツールバー」→[プッシュ/プル]ツールでオフセットした面を押しだして厚さ[5]の板を作成します。

距離	5mm

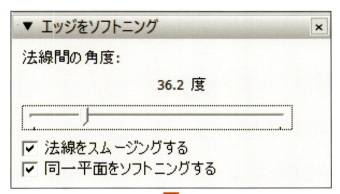

5 エッジをソフトニングする

天板をトリプルクリックして選択し、[エッジをソフトニング]トレイを開き、左図のようにします。

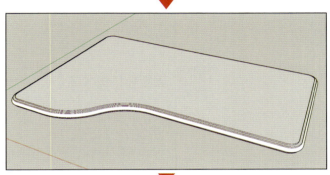

6 表現が滑らかになった

滑らかな表現になります。

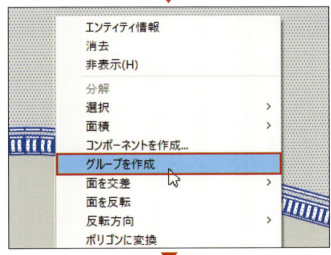

7 天板をグループにする

天板をトリプルクリックして選択し、右クリックメニューして[グループを作成]をクリックします。

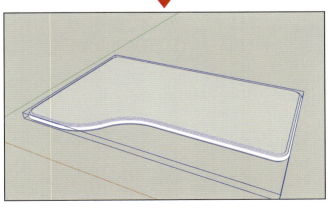

8 グループになった

天板がグループになりました。

STEP 5 天板を上げる

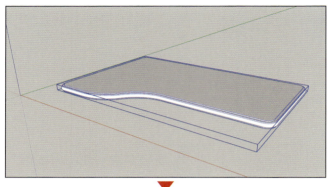

1 アングルを変える

垂直に移動しやすいように、アングルを左図のようにやや水平に近くします。

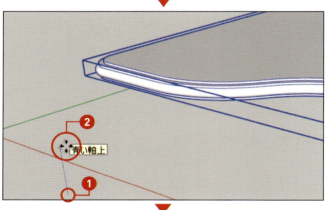

2 天板を移動する

「ツールバー」→［移動］をクリックし、1点目は任意の位置をクリックして❶、マウスポインターを垂直に移動し「青い軸上」が表示される位置で2点目をクリックします❷。

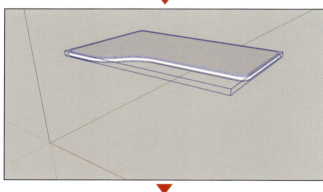

3 移動距離を指定する

距離に［665］と入力します。

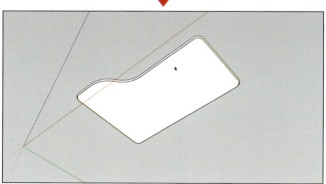

4 アングルを変更する

左図のように下から見上げたアングルにしておきます。

STEP 6　脚を作成する

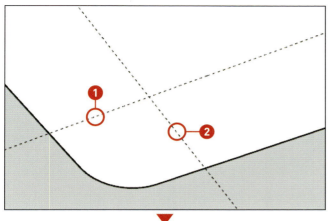

1　ガイドを作成する

「ツールバー」→［メジャー］ツールでエッジから100ずつの距離にガイドを作成します❶❷。

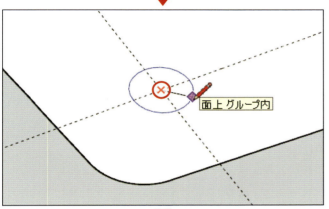

2　円の中心を指定する

「ツールバー」→［円］ツールをクリックし、ガイドの交点をクリックして円の中心とします。
マウスポインターを移動し、半径に［25］と入力します。

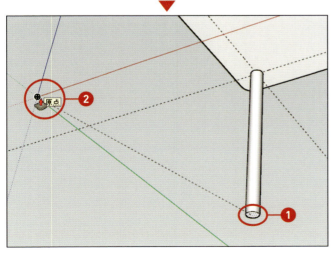

3　円をプッシュする

「ツールバー」→［プッシュ/プル］をクリックし、1点目は円をクリックし、2点目は原点（3つの軸の交点）をクリックします。

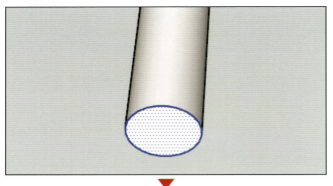

4 円柱の面を選択する

円柱の先端をダブルクリックします。

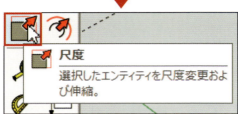

5 [尺度] ツールを実行する

「ツールバー」→ [尺度] をクリックします。

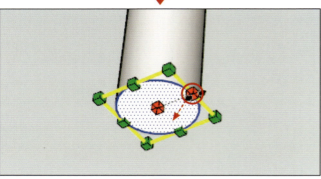

6 円の大きさを変更する

マウスポインターを左図の右の赤の位置に移動し、[Ctrl]キーを押しながら内側に少しドラッグします。
[30mm] と入力すると直径30mmの楕円になります。もう一方も同様の操作をすると直径30mmの円ができます。

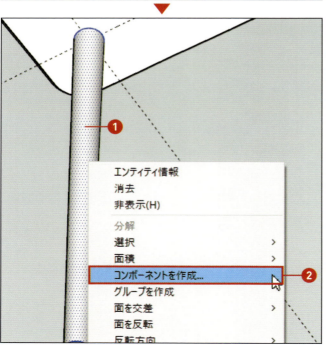

7 脚をコンポーネントにする

できた脚をトリプルクリックして選択します❶。右クリックして [コンポーネントを作成] をクリックします❷。

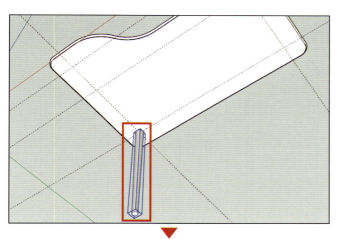

8 コンポーネントになった

1本の脚が1つのコンポーネントになりました。

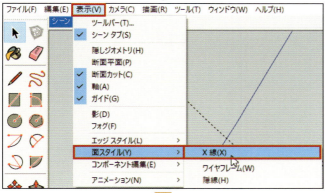

9 X線表示にする

脚の根本の円の中心を選択しやすいように、[表示]メニューの[面スタイル]→[X線]をクリックします。

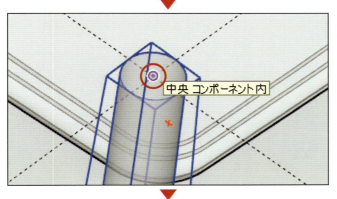

10 脚をコピーする

「ツールバー」→[移動]をクリックし、Ctrlキーを押してコピーモードにし、基準点である脚の根本の円の中心をクリックします。

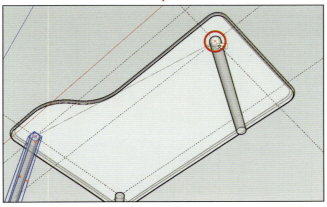

11 コピー先を指定する

2点目はコピー先のガイドの交点をクリックします。

STEP 7　脚をコピーする

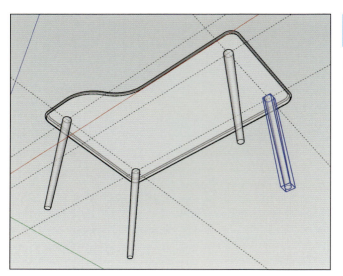

1　脚をコピーする

さらに3回コピーして、脚を4本とも作成します。

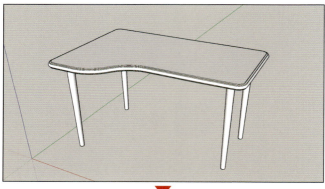

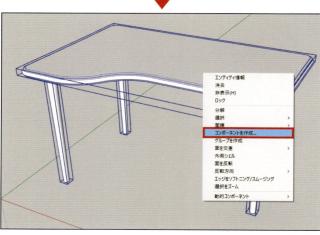

2　コンポーネントにする

天板と脚4本を選択し、右クリックして「コンポーネントを作成」をクリックします。

STEP 8　マテリアルをつけて完成させる

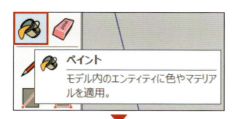

1　[ペイント]ツールを実行する

「ツールバー」→[ペイント]ツールをクリックします。

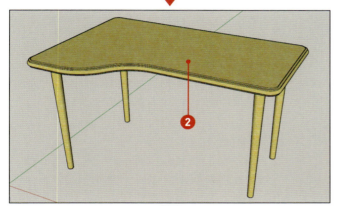

2　マテリアルを選択する

適当な木材のマテリアルを選択し❶、テーブルのコンポーネントにペイントします❷。

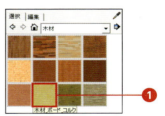

3　色合いを調整する

[編集]モードで色合いを調整します。

4　テーブルが完成した

完成です。

テーブルを作成する

COLUMN

プリンターを設定して印刷する

[ツールバー]の[テキスト]をツールを使うと、面上や線に文字を記入したり、図形に引出線付きの注釈を記入できます。

❶ **プリンターの設定をする**

[ファイル]メニューの[開く]をクリックして、「model-03-col-start.skp」を開きます。
[ファイル]メニューの[プリンターの設定]をクリックします。[プリンター名]で使用するプリンターの選択をして❶、用紙サイズ、印刷の向き、給紙方法を設定して❷、[OK]をクリックします❸。ここでは[PDF]に書き出す設定にしていますが、通常は使用するプリンターを選択してください。

❷ **[印刷プレビュー]を開く**

[ファイル]メニューの[印刷プレビュー]をクリックします❶。印刷プレビューが表示されます。

❸ **[印刷]の設定をする**

[印刷サイズ]と[印刷品質]を設定して、[OK]をクリックします。
[ページに合わせる]にチェックを付けると、1枚の用紙に収まるようにサイズ調整されます。[モデル範囲を使用する]にチェックを付けると、モデルのある範囲が印刷範囲となります。

❹ **プレビューを確認する**

プレビュー画面を確認して、[印刷]をクリックします。[印刷]ダイアログボックスに戻るので、[OK]をクリックします。印刷が始まります。

Chapter **4**

住宅の簡易な外観を作成する

Chapter4 住宅の簡易な外観を作成する

SECTION 01 敷地をつくる（画像から）

サンプルファイル　Model-04-01-start.skp

この節で行うこと

Before  After

▶ 画像を取り込んで敷地を作成する

ここからは、敷地を作成する方法を解説していきます。

ここでは、WEB上で無料公開されている敷地のイメージ画像を配置して、モデリングを行う際のイメージデータの取り込み方法とスケールの変更方法を解説します。

STEP 1　画像を取り込む

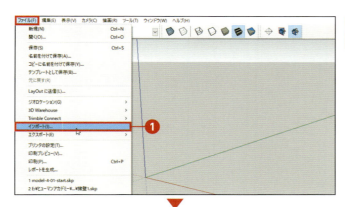

1　[インポート]を実行する

[ファイル]メニューから[開く]をクリックして、「model-4-01-start.skp」を開き、[ファイル]メニューの[インポート]をクリックします❶。

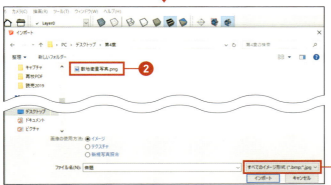

2　画像ファイルを選択する

ファイルの形式を[すべてのイメージ形式]にして❶、「敷地衛星写真.png」を選択します❷。

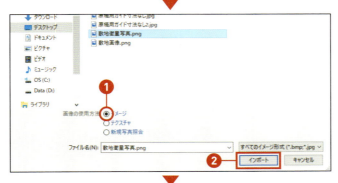

3　画像の使用方法を選択する

[画像の使用方法]の[イメージ]にチェックを付けて❶、[インポート]をクリックします❷。

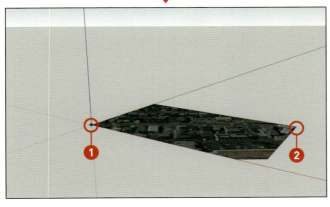

4　画像を配置する

任意の点を2ヶ所クリックして画像を配置すると❶❷、写真が追加されます。

敷地をつくる（画像から）

STEP 2　画像のスケールをあわせる

1　[メジャー] を実行する

[ツールバー]→[メジャー]ツールをクリックします❶。

2　距離のものさしにあわせる

画像のものさしを2点クリックして❶❷、表示されている距離[20m]と入力します。

3　画像のサイズを変更する

[モデルのサイズを変更しますか？]という画面が表示されるので、[はい]をクリックします❶。

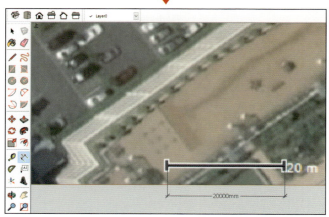

4　画像のスケールがあった

画像が拡大され、SketchUp上のスケールにあいました。

①Check

画像の場合、スケールの精度は高くありません。そのため、寸法を入れると少し誤差が出る場合があります。

STEP 3　敷地を作成する

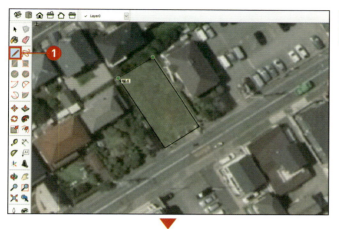

1　[線]を実行する

[ツールバー]→[線]ツールをクリックします❶。

2　敷地部分を囲む

画像上の4点をクリックして❶❷❸❹、敷地にしたい部分を線で囲みます。

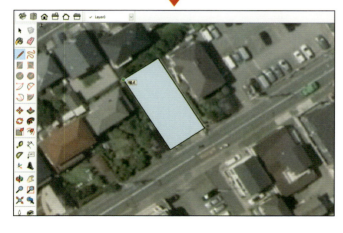

3　敷地が作成される

敷地が作成されました。

■ Chapter4　住宅の簡易な外観を作成する

SECTION 02　敷地を作成する（CADデータから）

　サンプルファイル　Model-04-02-start.skp

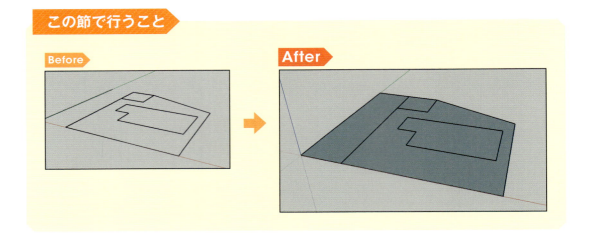
この節で行うこと　Before → After

● CADデータを取り込んで敷地を作成する

SketchUp Proでは、「.dwg」「.dxf」のCADファイルを取り込むことができます。ここでは、AutoCADなどで使われている「.dxf」形式のファイルを取り込んで、平屋建て住宅の簡易な外観を作成するための敷地を作成する方法を解説します。

SketchUpにインポートできるファイルは次のとおりです。

【イメージファイル】
- JPEGファイル（.jpg）
- PNGファイル（.png）
- Photoshopファイル（.psd）
- TIFFファイル（.tif）
- Targaファイル（.tga）
- BMPファイル（.bmp）

【3Dデータファイル】
- SketchUpファイル（.skp）
- 3DSファイル（.3ds）
- COLLADAファイル（.dae）
- DEMファイル（.dem/.ddf）
- Google Earthファイル（.kmz）
- IFCファイル（.ifc/.ifcZIP）
- 3Dプリンタ用ファイル（.stl）

【図面ファイル】
- AutoCADファイル（.dwg/.dxf）

なお、SketchUp Free（無償版）では、インポートできるファイル形式はSketchUpファイル（.skp）、JPEGファイル（.jpg）、PNGファイル（.png）、エクスポートできるファイル形式はSketchUpファイル（.skp）、PNGファイル（.png）、3Dプリンタ用ファイル（.stl）だけに限られています。

STEP 1 CADデータを取り込む

1 [インポート]を実行する

[ファイル]→[開く]をクリックして、「model-4-02-start.skp」を開き、[ツールバー]→[インポート]をクリックします❶。

2 「.dxf」ファイルを選択する

ファイルの種類を[AutoCADファイル(*.dwg,*.dxf)]にします❶。「敷地.dxf」を選択します❷。[オプション]をクリックします❸。

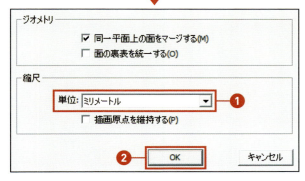

3 単位を設定する

縮尺の単位を[ミリメートル]にし❶、[OK]をクリックします❷。

Chapter 4 住宅の簡易な外観を作成する

4 データを配置する

手順2の画面に戻るので、[インポート]をクリックします❶。

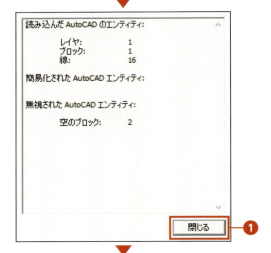

5 インポート結果を確認する

「インポート結果」の画面で[閉じる]をクリックします❶。

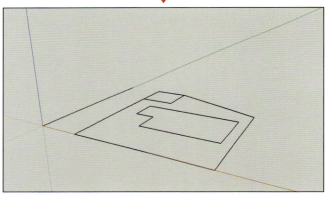

6 「敷地.dxf」が配置された

敷地のCADデータが配置されます。

STEP 2 取り込んだデータのレイヤを変更する

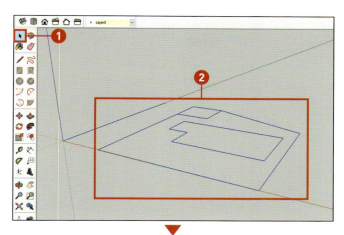

1 [選択]を実行する

[ツールバー]→[選択]ツールをクリックします❶。配置したCADデータすべてをドラッグして囲みます❷。

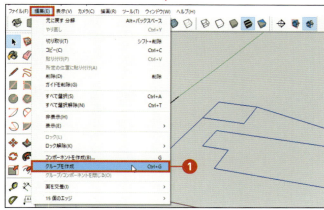

2 グループ化する

[編集]メニューから[グループを作成]をクリックします❶。

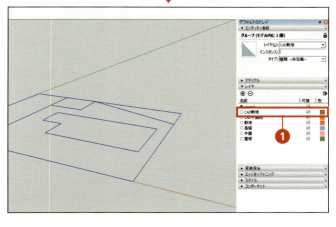

3 [エンティティ情報]を開く

[エンティティ情報]トレイを開きます。[レイヤ]を[CAD敷地]に変更します❶。

敷地を作成する（CADデータから） 149

STEP 3 敷地を作成する

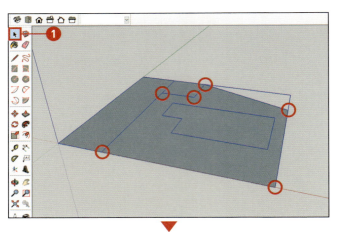

1 [線]を実行する

[ツールバー]→[線]ツールをクリックします❶。
左図の○の付いたCADデータの線の上をクリックしていきます。

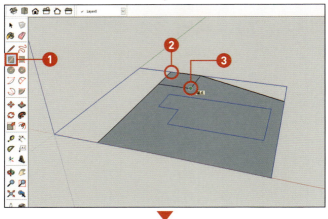

2 駐車場を作成する

[ツールバー]→[長方形]ツールをクリックします❶。
左図のように2点をクリックして❷❸、駐車場スペースを作成します。

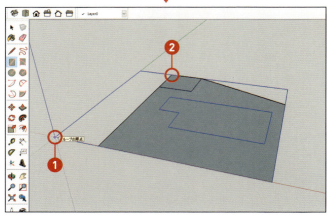

3 [長方形]を実行する

引き続き[長方形]ツールで左図のように道路部分を2点クリックして作成します❶❷。

STEP 4 敷地のレイヤを変更する

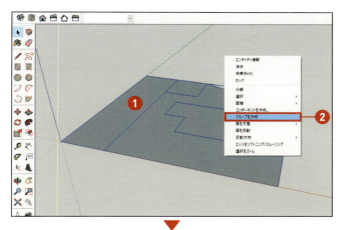

1 グループにする

作成した敷地の上でトリプルクリックして❶、敷地、駐車スペース、道路をすべて選択します。右クリックして［グループを作成］をクリックします❷。

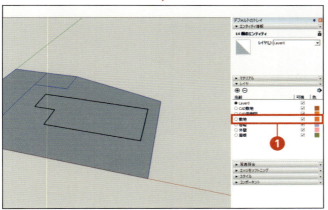

2 レイヤを変更する

［エンティティ情報］トレイを開き［レイヤ］の欄を［敷地］に変更します❶。

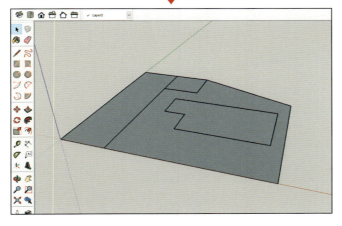

3 敷地が作成された

取り込んだCADデータから敷地ができました。

SECTION 03 外壁を作成する

サンプルファイル　Model-04-03-start.skp

この節で行うこと

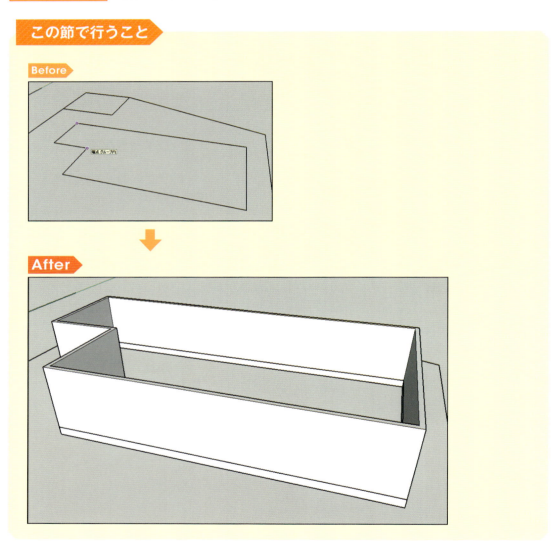

Before

After

▶ 敷地に外壁を作成する

ここからはCADデータから作成した敷地に、住宅のための基礎を作成して、その上に外壁を作成する方法を解説します。

STEP 1 基礎の外形を作成する

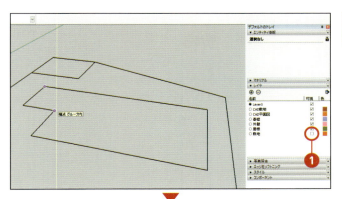

1 敷地を非表示にする

トレイのレイヤを開いて、[敷地]レイヤの[可視]のチェックを外します❶。

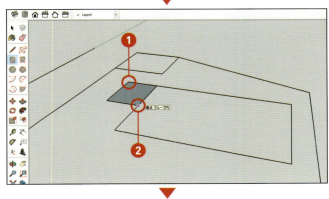

2 [長方形]を作成する

左図を元に基礎の端点をクリックして、小さい長方形を作成します❶❷。

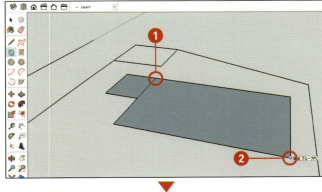

3 [長方形]を作成する

引き続き大きい方の長方形も作成します❶❷。

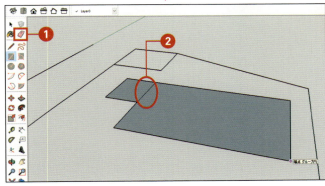

4 [消しゴム]を実行する

[ツールバー]→[消しゴム]ツールをクリックします❶。2つの長方形の境の線をクリックして削除します❷。

STEP 2 基礎の厚みを作成する

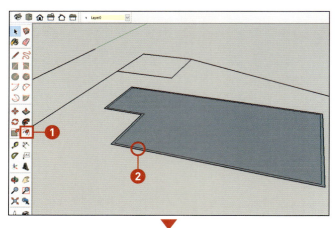

1 外形線をオフセットする

［ツールバー］→［オフセット］ツールをクリックします❶。基礎の外形線上でクリックして❷、内側にマウスポインターを移動して、［150］と入力します。

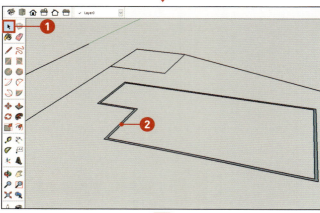

2 内側の面を削除する

［ツールバー］→［選択］ツールをクリックし❶、内側の面をクリックして選択します❷。Delete キーで削除します。

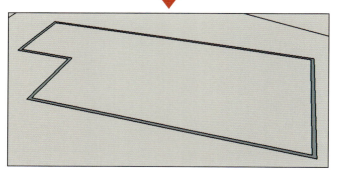

3 基礎の範囲ができた

基礎の形ができました。

STEP 3　基礎の高さを作成する

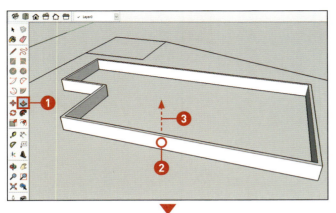

1 [プッシュ/プル]を実行する

[ツールバー]→[プッシュ/プル]ツールをクリックします❶。
基礎をクリックして❷、マウスポインターを上の方に移動します❸。
[300]と入力し、Enter キーを押します。

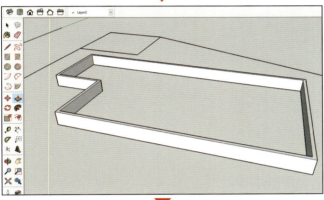

2 基礎ができた

高さ300の基礎ができました。

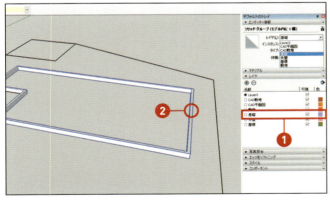

3 レイヤを変更する

基礎をトリプルクリックして選択し、グループにします❶。レイヤを[基礎]に変更しておきます❷。

STEP 4　外壁の外形を作成する

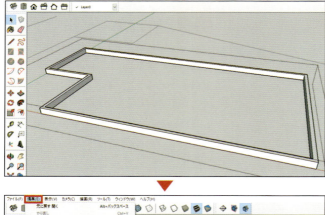

1　グループの編集モードにする

グループにした基礎をダブルクリックして編集モードにします。

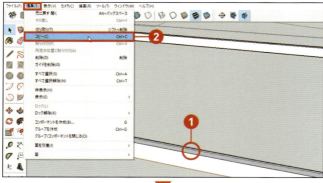

2　基礎の上面をコピーする

[選択]ツールで基礎の上面をクリックして選択します❶。
[編集]メニューから[コピー]をクリックします❷。

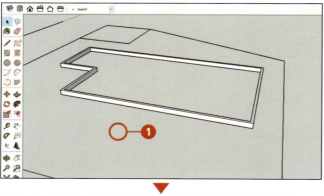

3　編集モードを終了する

破線の外側でクリックして、編集モードを終了します❶。

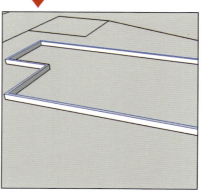

4　同じ位置に貼り付ける

[編集]メニューから[所定の位置に貼り付け]をクリックします❶。

STEP 5　外壁を完成させる

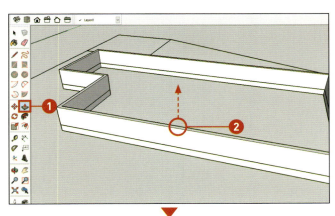

1　[プッシュ/プル]を実行する

[ツールバー]→[プッシュ/プル]ツールをクリックします❶。
貼り付けた面をクリックして、マウスポインターを上の方に移動します❷。

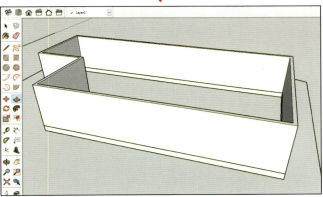

2　高さを入力する

[3000]と入力し、Enterキーを押します❶。
高さ3000の外壁ができました。

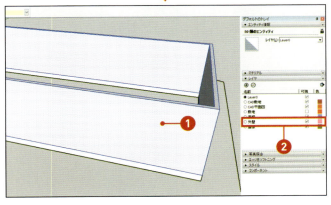

3　レイヤを変更する

外壁をトリプルクリックして、グループにします❶。レイヤを[外壁]に変更しておきます❷。

■ Chapter4　住宅の簡易な外観を作成する

SECTION

04 屋根を作成する

サンプルファイル　Model-04-04-start.skp

この節で行うこと

Before

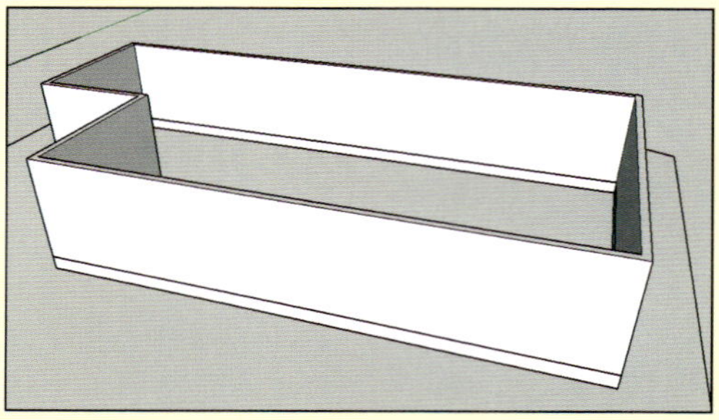

After

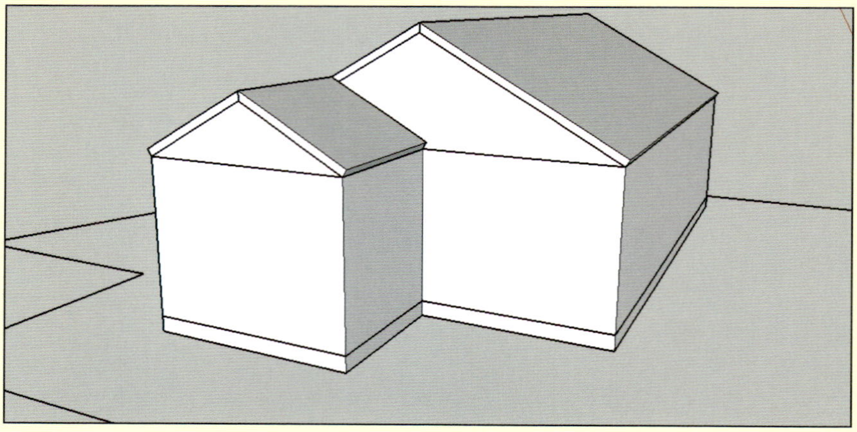

▶ 屋根を作成する

ここからは作成した外壁の上に屋根を作成する方法を解説します。長方形を作成し、[回転] ツール
で屋根勾配をつけていきます。

左右対称の屋根はコンポーネントにし、コピーして効率よく作成します。

STEP 1 屋根の外形を作成する

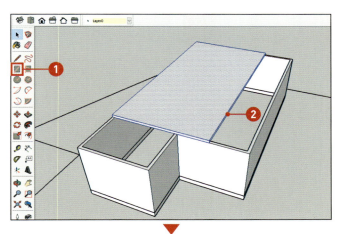

1 長方形を作成する

[ツールバー]→[長方形]ツールをクリックします❶。
左図のように外壁の外側にあわせて、大き目の長方形を作成します❷。

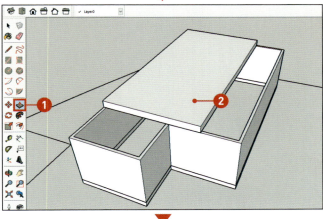

2 屋根に厚みをつける

[プッシュ/プル]ツールを実行して❶、作成した長方形をクリックします❷。マウスポインターを上の方に移動します。

3 屋根の厚さを入力する

値制御ボックスに[150]と入力し、Enterキーを押します。

Point

数値は必ず半角で入力します。間違った数値を入力した場合でも、続けて数値を入力すると、最終的に入力したものが反映されます。

| STEP 2 | 屋根に勾配をつける

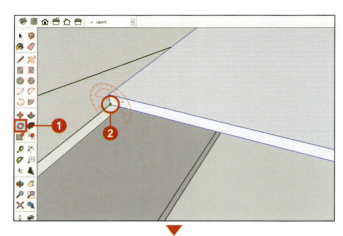

1 [回転]を実行する

作成した屋根をトリプルクリックして、屋根をすべて選択します。
[ツールバー]→[回転]ツールをクリックし❶、屋根の下の端点でクリックし、分度器の位置を決めます❷。

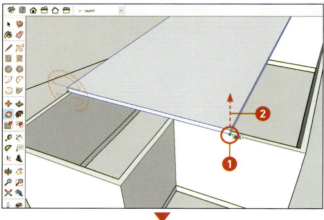

2 回転の軸を決める

反対側の端点をクリックし❶、マウスポインターを上の方に移動します❷。

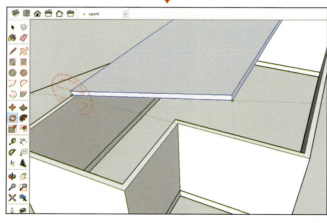

3 回転角度を入力する

[30]と入力し、Enterキーを押します。

👉 Point

屋根の勾配を「10分の6」や「6寸勾配」で入力する場合は、角度を入力するときに[6:10]と入力し、Enterキーを押します。

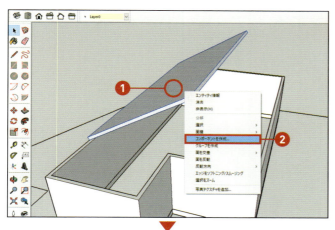

4 屋根を選択する

編集しやすいように屋根をコンポーネントにしておきます。
屋根をトリプルクリックしてすべて選択し❶、右クリックして[コンポーネントを作成]をクリックします❷。

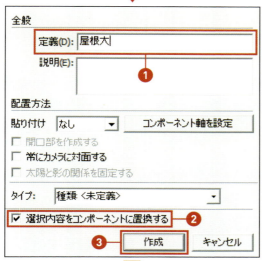

5 コンポーネントを作成する

[定義]の欄に「屋根大」と入力し❶、[選択内容をコンポーネントに置換する]にチェックを付け❷、[作成]をクリックします❸。

6 作成したコンポーネントを確認する

トレイの[コンポーネント]を開きます。作成したコンポーネントは、モデル内のコンポーネントとして保存されます。

STEP 3 反対側の屋根を作成する

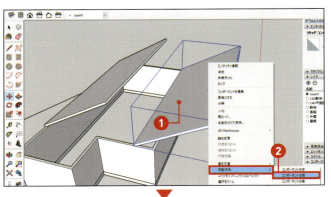

1 屋根をコピーする

[ツールバー]→[移動]ツールをクリックし、Ctrlキーを押してコピーモードにします。反対側の任意の場所に配置します❶。コピーした屋根を選択して右クリックし、[反転方向]→[コンポーネントの緑]をクリックします❷。

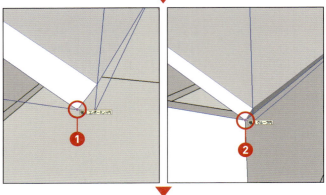

2 屋根を配置する

左図の屋根の端点をクリックし❶、壁の端点をクリックします❷。

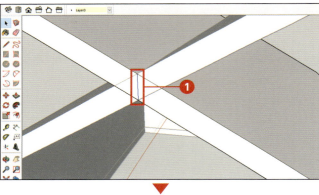

3 屋根を編集する

屋根をダブルクリックし、コンポーネントの編集モードにします。左図の屋根が重なっている部分に[線]ツールで線を引き❶、屋根を分けます。

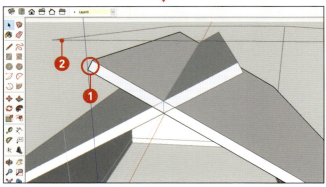

4 屋根の不要な面を押し出す

[プッシュ/プル]ツールで、棟より上に飛び出ている部分をクリックし❶、[オフセットの限界]まで奥へ押し出してクリックします❷。コンポーネントにしてあるので、反対側の屋根も同時に編集されます。

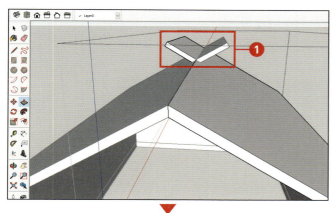

5 不要な面を削除する

押し出した不要な面を削除します❶。何もないところでクリックし、編集モードを終了します。

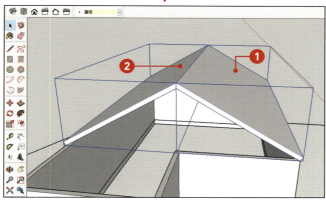

6 屋根を選択する

[選択]ツールで屋根を1つ選択し❶、Shiftキーを押しながら他の屋根もすべて選択します❷。

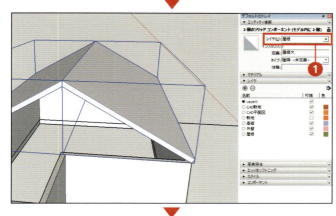

7 レイヤを変更する

[エンティティ情報]でレイヤを[屋根]に変更します❶。

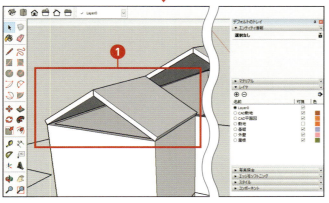

8 小さい屋根を作成する

同様の操作で、小さい屋根も厚さ150で作成し、コンポーネント[屋根小]にします❶。[エンティティ情報]でレイヤを[屋根]に変更します。

STEP 4　屋根の三角部分の壁を作成する

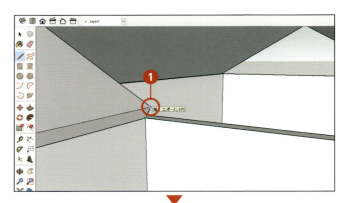

1　壁を作成する

左図の端点をクリックし、壁を作成します❶。作業しやすいように画面を拡大し、作業します。

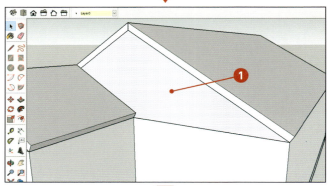

2　壁に厚さを付ける

[プッシュ/プル]ツールで作成した壁を押し込みます❶。[150]と入力し、Enterキーを押します❷。

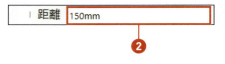

3　レイヤを変更する

作成した壁をトリプルクリックし、壁全体を選択してグループにします❶。
[エンティティ情報]でレイヤを[外壁]に変更します。

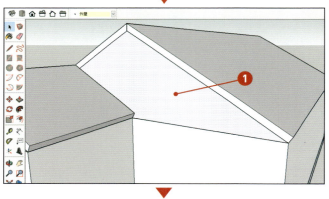

4　他の2ヶ所にも壁を作成する

同様に他の2ヶ所の三角部分の壁を作成し❶、レイヤを[外壁]に変更します。

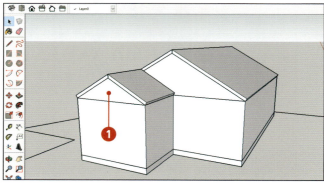

■ Chapter4　住宅の簡易な外観を作成する

SECTION 05　CADのデータを取り込んで窓を作成する

サンプルファイル　Model-04-05-start.skp

この節で行うこと

Before

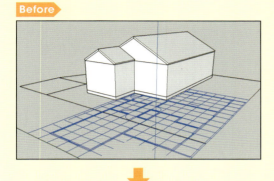

After

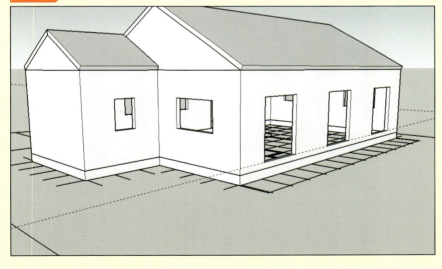

● CADで作成した平面図を取り込んで窓を作成する

ここでは、平面図のCADデータを取り込んで、所定の位置に窓を作成する方法を解説します。
CADデータの取り込みは、敷地を作成するときと同様の操作になります。
取り込んだCADデータのグリッドを使って、窓の配置をしていきます。

STEP 1 平面図のCADのデータを取り込む

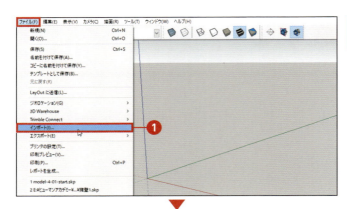

1 [インポート]を実行する

[ファイル]メニューの[インポート]をクリックします❶。

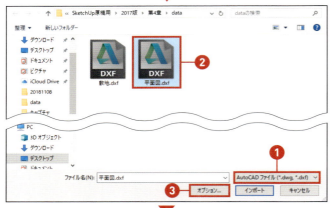

2 「.dxf」ファイルを選択する

ファイルの種類を[AutoCADファイル(*.dwg,*.dxf)]にします❶。「平面図.dxf」を選択します❷。[オプション]をクリックします❸。

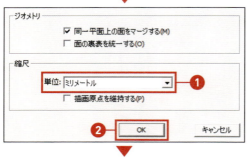

3 単位を設定する

縮尺の単位を[ミリメートル]にします❶。[OK]をクリックします❷。

4 データを配置する

手順2の画面に戻るので、[インポート]をクリックします。
「インポート結果」の画面で[閉じる]をクリックします❶。

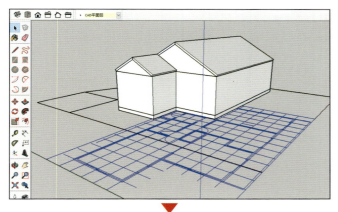

5 レイヤを変更する

平面図のCADデータが配置されます。インポートしたデータをすべて選択し、[エンティティ情報]でレイヤを[CAD平面図]に変更します。

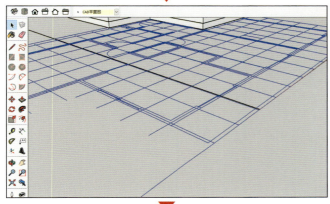

6 画面を拡大する

左の図のように画面を拡大し、アングルを調整します。

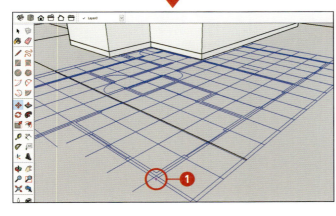

7 平面図と外壁の位置を合わせる

取り込んだ平面図のCADデータの壁の端点をクリックして❶、外壁の端点にあわせてクリックし、配置します❷。

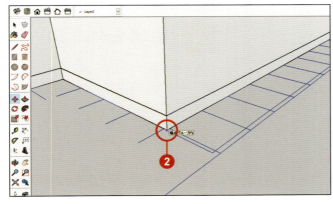

STEP 2　掃出し窓の位置を壁に作成する

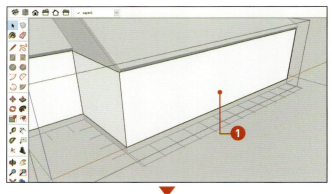

1　編集モードにする

壁をダブルクリックし、編集モードにします❶。

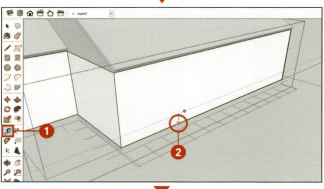

2　壁の下端の位置にガイドを作成する

[ツールバー]→[メジャー]ツールをクリックします❶。外壁の一番下の線の上でクリックします❷。マウスポインターを上に移動し、[200]と入力して、Enterキーを押します。

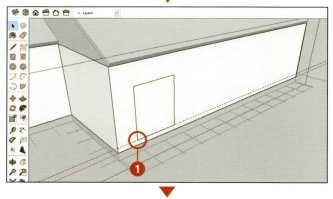

3　長方形を作成する

[長方形]ツールを実行し、作成したガイドの任意の線上をクリックします❶。[1620,2000]と入力し、Enterキーを押します。

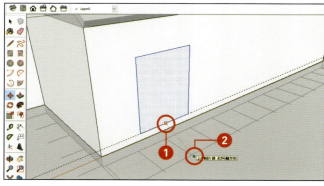

4　長方形を移動する

作成した長方形をダブルクリックし、[移動]ツールをクリックして下線の中点をクリックします❶。
Shiftキーを押しながら移動します。左図のように平面図のCADデータのグリッドの端点にマウスポインターをあわせてクリックし、所定の位置に配置します❷。

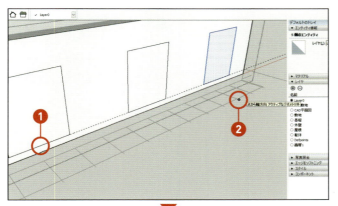

5 他の場所に長方形をコピーする

配置した長方形をダブルクリックして選択します。[移動]ツールをクリックし、Ctrlキーを押してコピーモードにし、Shiftを押しながらコピーします。
長方形の下線の中点とグリッドの端点をあわせて配置します❶❷。

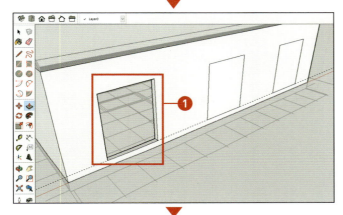

6 開口部を作る

[プッシュ/プル]ツールを実行して、配置した長方形を選択します❶。[150]と入力し、Enterキーを押します。

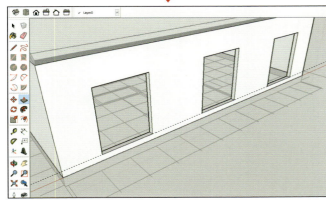

7 他の開口部をあける

同様の操作で、他の配置した長方形の場所も開口部をあけます。

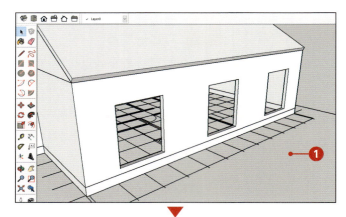

8 編集モードを終了する

破線の外側でクリックし、編集モードを終了します❶。

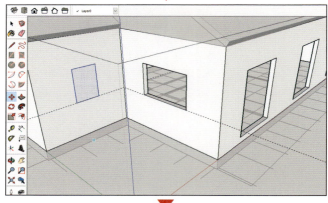

9 他の窓やドアも作成する

掃出し窓作成と同様の操作で、壁の編集モードにして腰窓とドアを作成します。
位置は図を参考にしながら、中点をグリッドにあわせて作成します。

	サイズ	壁下端からの高さ
腰窓(引違い)	W1620×H1000	1100
腰窓(FIX)	W710 × H1000	1100
小腰窓(引違い)	W1620xH550	1200
ドアサイズ	W810xH2200	0

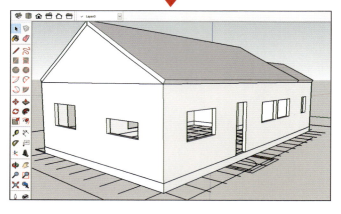

10 ガイドを削除する

[編集]メニューの[ガイドを削除]をクリックして、ガイドを削除します。

■ Chapter4　住宅の簡易な外観を作成する

SECTION 06　マテリアルをつける

サンプルファイル　Model-04-06-start.skp

この節で行うこと

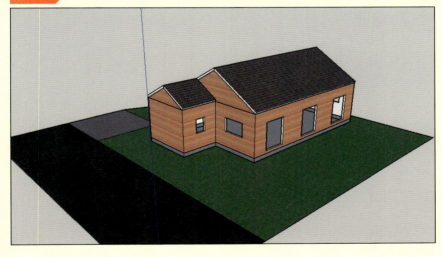

▶ 作成したモデルにマテリアルをつける

ここでは、作成した住宅にマテリアルをつける方法を解説します。
グループやコンポーネントにマテリアルをつけると、すべての面に同じマテリアルがつきます（P.94参照）。そのため、外壁と内壁、屋根の上面と下面に同じマテリアルがついてしまいます。面ごとに違うマテリアルをつけたいときは、編集モードにしてからマテリアルをつけます。

STEP 1　外壁にマテリアルをつける

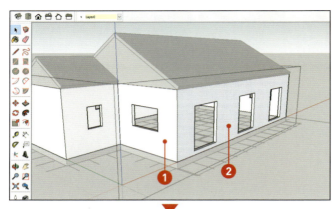

1　編集モードにする

壁をダブルクリックして、編集モードにします❶。掃出し窓のある壁をクリックします❷。

2　マテリアルを選ぶ

トレイの［マテリアル］を開き、［選択］タブをクリックします❶。マテリアルを［レンガ、クラッディングとサイディング］にします❷。［モダンサイディング］をクリックします。

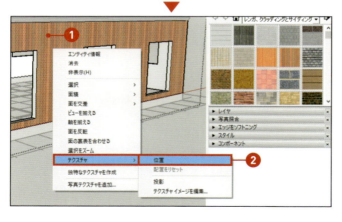

3　壁につける

マウスポインターを選択した壁の上に移動してクリックします❶。壁の上で右クリックして、［テクスチャ］→［位置］をクリックします❷。

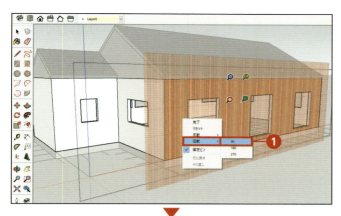

4 マテリアルの向きを横向きにする

再度壁の上で右クリックし、[回転]→[90]をクリックして Enter キーを押します❶。

5 マテリアルの向きが変わる

サイディングが横張りになりました。

6 [色抽出]を実行する

同じマテリアルを他の壁にもつけるときは、色抽出を使います。トレイの[マテリアル]の[色抽出]をクリックします❶。

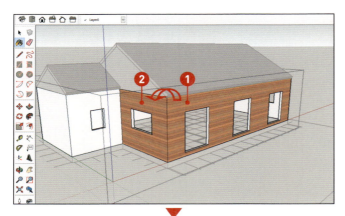

7 壁をクリックする

壁のサイディングの上でクリックし❶、他の壁の上でクリックします❷。

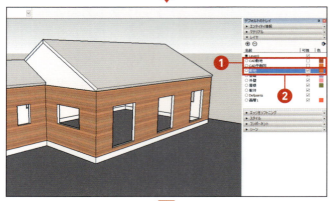

8 レイヤの表示を変更する

[CAD平面図][CAD敷地]のレイヤを非表示にし❶、[敷地]を表示します❷。

9 マテリアルをつける

P.172と同様の操作で、下表のとおりに敷地、道路、駐車スペース、基礎、屋根にもマテリアルをつけます。ダブルクリックし、編集モードにするのを忘れないようにしましょう。

基礎	コンクリート骨材 煙
屋根	屋根_GAF Estate
敷地	人工芝
駐車スペース	アスファルト旧式01
道路	アスファルト新規

SECTION 07 シーンを作成する

サンプルファイル Model-04-07-start.skp

この節で行うこと

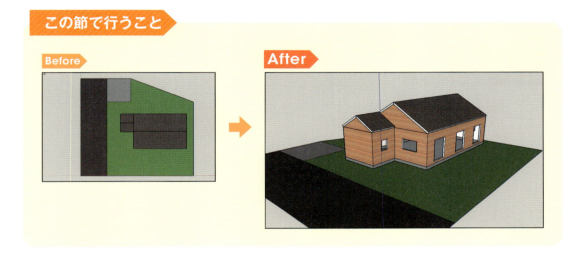

● シーン作成機能で画面の切り替えをおこなう

ここでは、シーンを作成作成方法と平面図、東西南北の立面図、透視図などの各画面のシーンをスムーズに切り替る方法を解説します。

トレイに［シーン］がないときは、［ウィンドウ］メニューの［デフォルトのトレイ］→［シーン］をクリックし、追加しておきます。

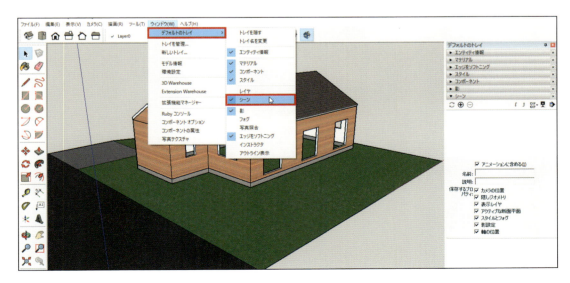

STEP 1 平面図のシーンを作成する

1 CADデータを非表示にする

トレイの[レイヤ]を開きます。[CAD敷地]と[CAD平面図]のレイヤの[可視]のチェックをはずして非表示にします❶。

2 カメラを変更する

[カメラ]メニューの[平行投影]をクリックします❶。
[ビュー]ツールバーの[平面図]をクリックします。

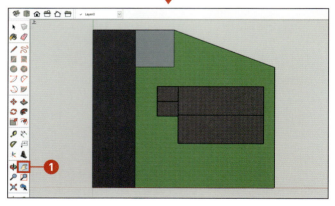

3 位置を調整する

[ツールバー]の[パン表示]をクリックし、画面の位置を調整します❶。

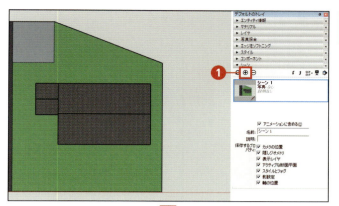

4 平面図のシーンを保存する

トレイの[シーン]を開きます。[+]をクリックします❶。[シーン1]が追加されました。

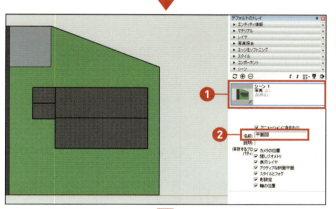

5 [シーン]の名前を変更する

追加された[シーン1]をクリックします❶。下に表示されている[名前]の欄に[平面図]と入力し、Enterキーを押します❷。

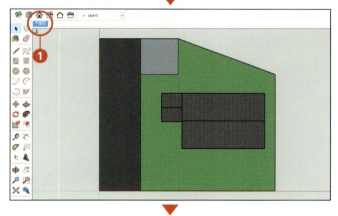

6 [平面図]タブが作成される

描画領域の左上に、[平面図]のシーンのタブが作成されます❶。

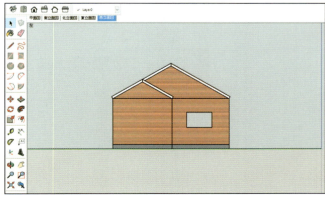

7 他のシーンを作成する

ビューを切り替え、平面図のシーンと同様の操作で次表のとおりにシーンを追加します。

ビュー	シーン名
正面図	南立面図
背面図	北立面図
右側面図	東立面図
左側面図	西立面図

STEP 2　透視図のシーンを作成する

1　カメラを変更する

［カメラ］→［遠近法］をクリックします❶。
［ビュー］ツールバーの［等角図］をクリックします。

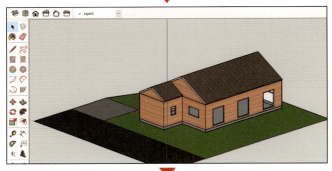

2　画面を調整する

［ツールバー］の［オービット］と［パン表示］ツールを使って、左図のように画面の位置を調整します。

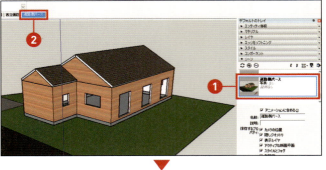

3　透視図のシーンを保存する

［シーン］を追加し、［道路側パース］のシーンを作成します❶。
［道路側パース］タブが作成されます❷。

4　シーンのタブをクリックする

描画領域の左上に作成された［南立面図］タブをクリックして切り替えます。

5　シーンが切り替わる

［南立面図］に画面が切り替わります。同様に、各シーンのタブをクリックしてシーンを切り替えて確認します。

Chapter **5**

モデルの精度を上げる

■ Chapter5　モデルの精度を上げる

SECTION

01 屋根を伸ばす

サンプルファイル　Model-5-01-start.skp

この節で行うこと

Before

After

● モデルの精度を上げる

ここからは、作成したモデルに手を加え、精度を上げていく方法を解説していきます。屋根の妻側と軒先を伸ばして精度を上げていきます。

STEP 1 東側の屋根を伸ばす

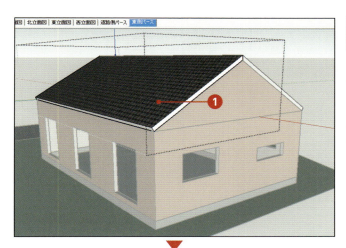

1 屋根を選択する

[ファイル]→[開く]をクリックして、「model-5-01-start.skp」を開きます。
[東側パース]のシーンになっています。
[ツールバー]→[選択]ツールをクリックします。コンポーネントにした屋根をダブルクリックし、編集モードにします❶。

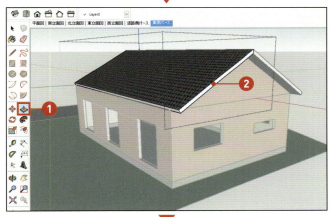

2 屋根を伸ばす

[ツールバー]→[プッシュ/プル]ツールをクリックします❶。
屋根の端をクリックし、手前に引き出し[900]と入力し、Enterキーを押します❷。

3 編集モードを終了する

[選択]ツールをクリックし、破線の外側でクリックして、編集モードを終了します❶。

☞ Point

コンポーネントにしたモデルを編集すると、ほかの同じコンポーネントにも同時に編集結果が反映されます。

STEP 2 道路側の屋根を伸ばす

1 コンポーネントを[固有]にする

南側の屋根のみを編集するため、ほかの屋根に編集結果が反映されないように、固有のコンポーネントにします。[選択]ツールで庭側の屋根をクリックして選択します❶。右クリックして[固有にする]をクリックします❷。

2 屋根を伸ばす

[選択]ツールで屋根をダブルクリックし、編集モードにします❶。[プッシュ/プル]ツールで屋根の端を手前に引き出し[900]と入力し、Enterキーを押します❷。

Point

コンポーネントを固有にしたので、選択した屋根だけが伸びました。

3 編集モードを終了する

[選択]ツールをクリックし、破線の外側でクリックして、編集モードを終了します❶。

STEP 3　屋根の一部を伸ばす

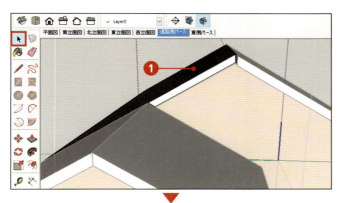

1　屋根を編集モードにする

［選択］ツールで屋根をダブルクリックし、編集モードにします❶。

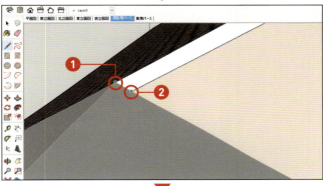

2　屋根を分割する

［線］ツールで、左図のように小さい屋根との接点を2か所クリックし❶❷、屋根を分割します。

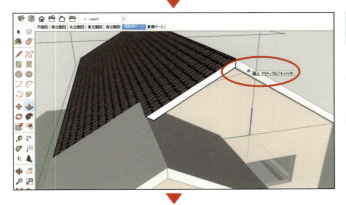

3　分割した屋根を伸ばす

［プッシュ/プル］ツールで、分割した屋根の端を手前に引き出します。
マウスポインターを隣の屋根の端の上に移動し、推定機能を活用して任意の場所をクリックします。屋根の端がそろいます。

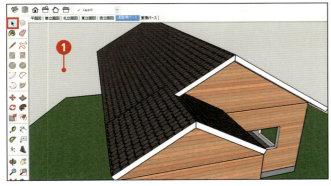

4　編集モードを終了する

［選択］ツールをクリックし、破線の外側でクリックして、編集モードを終了します❶。

STEP 4 道路側の小屋根を伸ばす

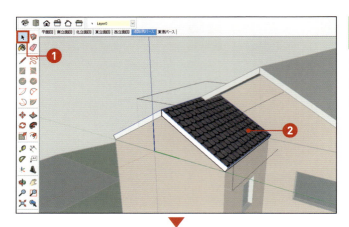

1 屋根の編集モードにする

［ツールバー］→［選択］ツールをクリックします❶。コンポーネントにした屋根をダブルクリックし、編集モードにします❷。

2 屋根を伸ばす

［プッシュ/プル］ツールで屋根の端を手前に引き出して［900］と入力し、Enterキーを押します❶。

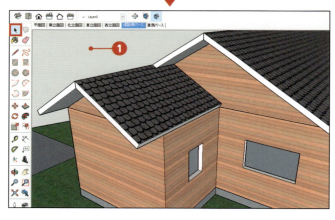

3 編集モードを終了する

［選択］ツールをクリックし、破線の外側でクリックして編集モードを終了します❶。

STEP 5　軒を伸ばす

1　[選択]ツールを実行する

[ツールバー]→[選択]ツールをクリックします❶。コンポーネントにした屋根をダブルクリックし、編集モードにします❷。

2　軒を伸ばす

[プッシュ/プル]ツールで軒先を下方向に引き出し[600]と入力し、Enterキーを押します❶。

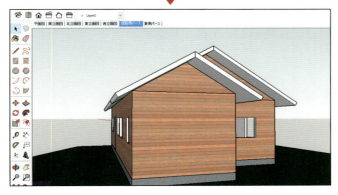

3　編集モードを終了する

[選択]ツールをクリックし、破線の外側でクリックして、編集モードを終了します❶。

4　ほかの屋根の軒も伸ばす

同様の操作で、ほかの3か所の軒を同じ寸法で伸ばします。

SECTION 02 サッシを作成する

サンプルファイル　Model-5-02-start.skp

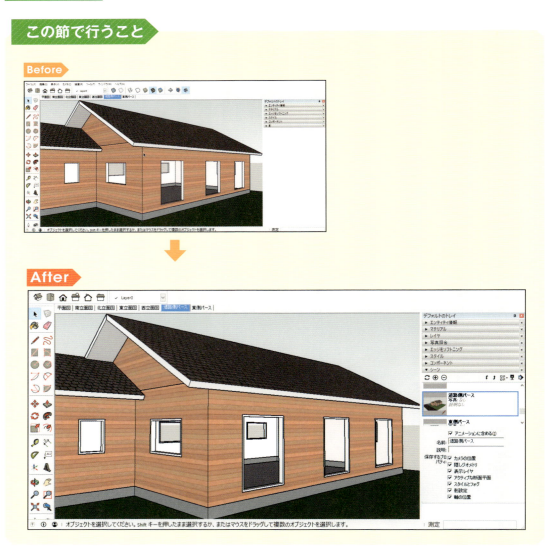

● 窓やドアのサッシを作成する

ここからは窓、ドア部分の開口部に［長方形］と［オフセット］ツールで、サッシ（枠）を作成して、［プッシュ／プル］ツールで壁の厚み分を押し出して作成していきます。

STEP 1 サッシを作成する

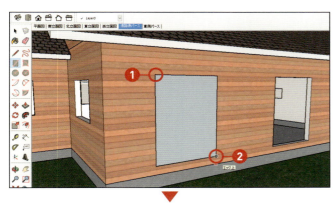

1 長方形を作成する

掃出し窓の開口部の2点をクリックして❶
❷、開口部をふさぐ長方形を作成します。

2 長方形をオフセットする

[オフセット]ツールをクリックし、長方形のエッジの上でクリックします❶。
内側にマウスポインターを移動し、[50]と入力し、Enterキーを押します。

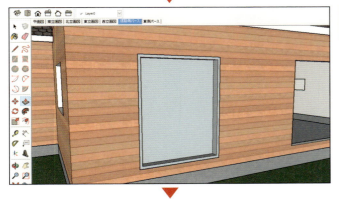

3 サッシを作成する

[プッシュ/プル]ツールで内側の面を奥へ押し出し、[150]と入力し、Enterキーを押します。

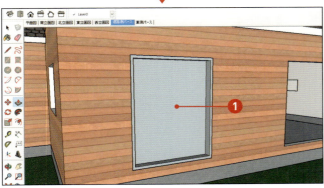

4 内側の面を削除する

内側の面をクリックし、Deleteキーを押して削除します❶。

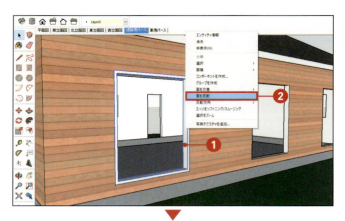

5 面を反転する

色がグレーで面の向きが裏になっているので修正します。作成したサッシをトリプルクリックし❶、右クリックして[面を反転]をクリックします❷。

6 グループにする

サッシがすべて選択されている状態で、再度右クリックして[グループを作成]をクリックします❶。

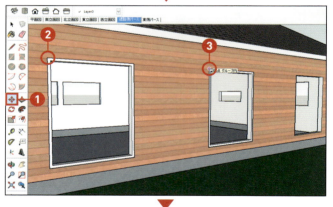

7 サッシをコピーする

[選択]ツールで掃出しサッシを選択し、[移動]ツールをクリックします❶。
続けて、Ctrlキーを押してコピーモードにしてサッシの左上端点をクリックし❷、隣の開口部の左上をクリックします❸。

8 ほかの開口部にもコピーする

同様の操作で、残りの掃出し部分にもサッシをコピーします。

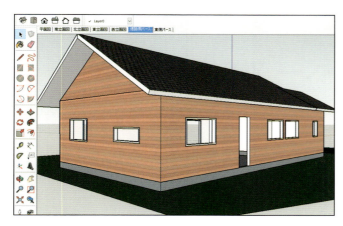

9 腰窓のサッシを作成する

掃出し窓を作成した同様の操作で、次表の設定で腰窓のサッシを作成します。

［オフセット］の距離	50
［プッシュ／プル］の距離	150

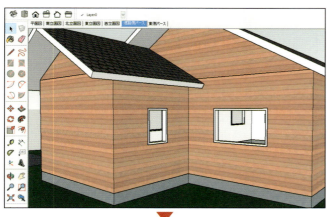

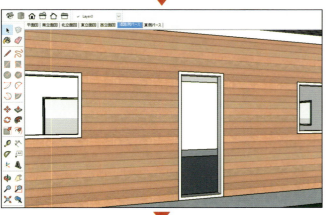

10 ドアのサッシを作成する

窓のサッシを作成した同様の操作で、次表の設定でドアのサッシを作成します。

［オフセット］の距離	50
［プッシュ／プル］の距離	150

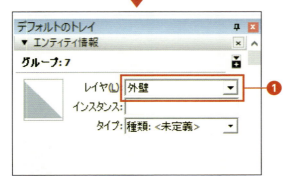

11 レイヤを変更する

作成した全てのサッシを選択してトレイの［エンティティ情報］を開き、［レイヤ］を［外壁］に変更しておきます❶。

Chapter5 モデルの精度を上げる

SECTION 03 駐車スペースを作成する

サンプルファイル　Model-5-03-start.skp

この節で行うこと

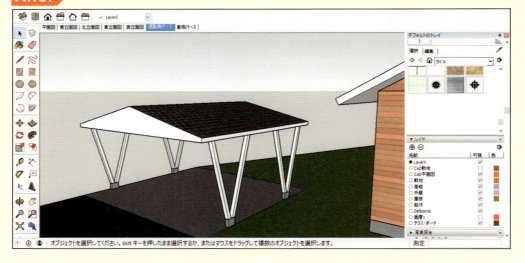

● 斜めの柱を使って駐車スペースを作成する

ここでは駐車スペースを作成していきながら、柱の作成と斜めにする方法を解説していきます。斜めの柱は、[長方形] ツールと [プッシュ/プル] ツールで、垂直の柱を作成した後に [移動] ツールを使って斜めに変形していきます。

STEP 1　柱の基礎を作成する

1　ガイドを作成する

[ツール]バーの[メジャー]ツールをクリックし❶、道路境界線上でクリックします❷。マウスポインターを敷地側に移動し、[900]と入力して Enter キーを押します。

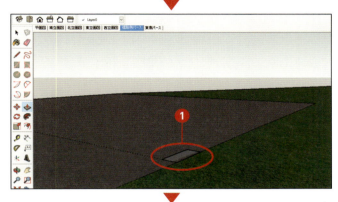

2　長方形を作成する

[長方形]ツールをクリックします。作成したガイドの位置で[250,100]と入力し、Enter キーを押します❶。

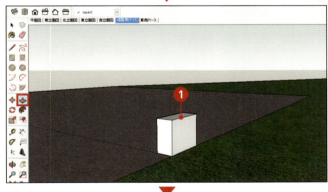

3　長方形を押し出す

[プッシュ/プル]ツールで作成した長方形をクリックし❶、マウスポインターを上方へ移動して[200]と入力し、Enter キーを押します❷。この直方体が基礎になります。

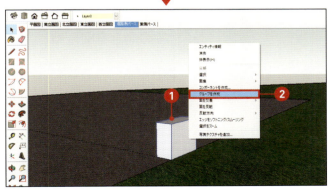

4　グループにする

作成した基礎をトリプルクリックし❶、右クリックして[グループを作成]をクリックします❷。

駐車スペースを作成する

STEP 2 斜めの柱を作成する

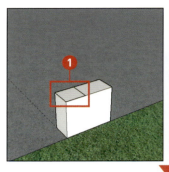
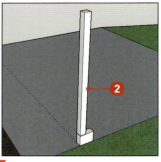

1 高さ2000の柱を作成する

［長方形］ツールで左図の位置に、[100, 100]と入力し、Enter キーを押して長方形を作成します❶。
［プッシュ/プル］ツールで高さ[2000]にします❷。

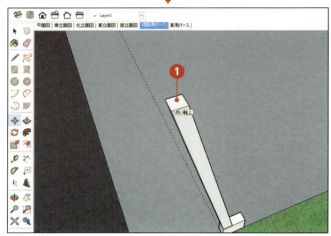

2 柱を斜めにする

［選択］ツールで柱の上面をクリックして選択します。［移動］ツールで端点をクリックし❶、マウスポインターを赤い軸上を道路側へ移動させ、[600]と入力し、Enter キーを押します。斜めの柱をトリプルクリックして選択し、グループにします。

Point
移動させるときに、→ キーを押すと、赤い軸上に移動が拘束され、作業しやすくなります。再度 → キーを押すと拘束が解除されます。

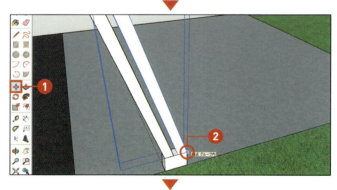

3 反対向きの柱を作成する

［選択］ツールで柱を選択し、［移動］ツールをクリックします❶。
続けて Ctrl キーを押してコピーモードにし、基礎の端点をクリックします❷。

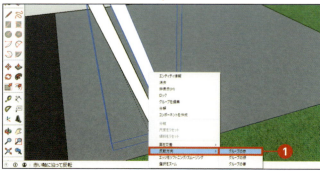

4 柱の向きを変える

右の柱を選択されている状態で、右クリックし［反転方向］→［グループの赤］をクリックします❶。左の柱も選択して、［グループの赤］方向に反転します。

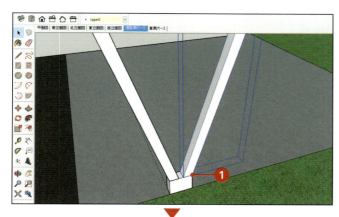

5 位置を変える

[移動]ツールで基礎の端に移動します❶。

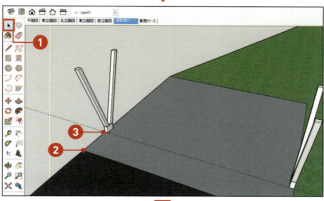

6 柱と基礎をコピーする

Shiftキーを押しながら、柱2本と基礎を選択して[移動]ツールをクリックします❶。
Ctrlキーを押してコピーモードにし、基礎の左下端点をクリックします❷。
マウスポインターをガイドと敷地境界線の交点に移動してクリックします❸。

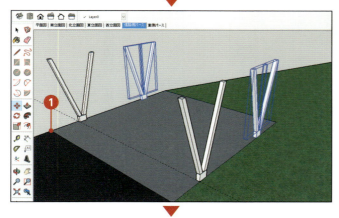

7 反対側2か所にコピーする

作成した全ての基礎と柱を選択して、基礎の下端点をクリックします❶。
マウスポインターを駐車スペースの境界線上を移動させ、[2700]と入力しEnterキーを押します。

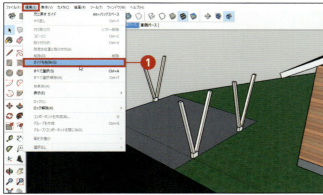

8 ガイドを削除する

[編集]メニューの[ガイドを削除]をクリックし、ガイドを削除します❶。

STEP 3 駐車スペースの屋根を作成する

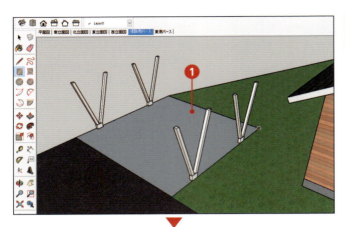

1 長方形を作成する

[長方形]ツールで、駐車スペースと同じ大きさの長方形を作成します❶。

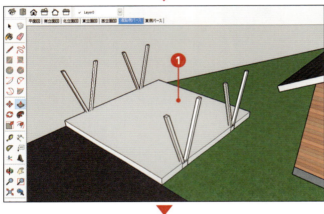

2 長方形に厚さをつける

[プッシュ/プル]ツールで作成した長方形の厚さを[100]にします❶。

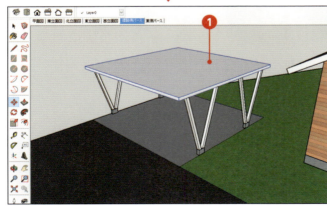

3 柱の上に移動する

直方体をトリプルクリックして選択し❶、[移動]ツールで青い軸上を移動させ、[2200]と入力し、Enterキーを押します。

Point

移動させるときに↑キーを押すと、青い軸上に移動が拘束されて作業しやすくなります。再度↑キーを押すと、拘束が解除されます。

STEP 4 ＞ 駐車スペースの屋根の勾配を作成する

1 中点を結ぶ線を作成する

［線］ツールで長方形の辺の中点から反対側の辺の中点へ線を作成します❶❷。

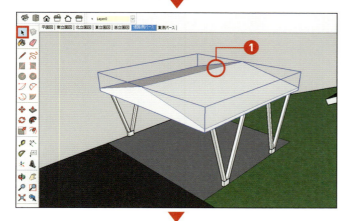

2 屋根を移動する

［移動］ツールで線をクリックし❶、青い軸上を移動させ［600］と入力し、Enterキーを押します。トリプルクリックし、グループにします。

3 マテリアルをつける

基礎、柱、屋根に任意のマテリアルをつけます。

Chapter5　モデルの精度を上げる

SECTION

04

外構を作成する

サンプルファイル　Model-5-04-start.skp

この節で行うこと

Before

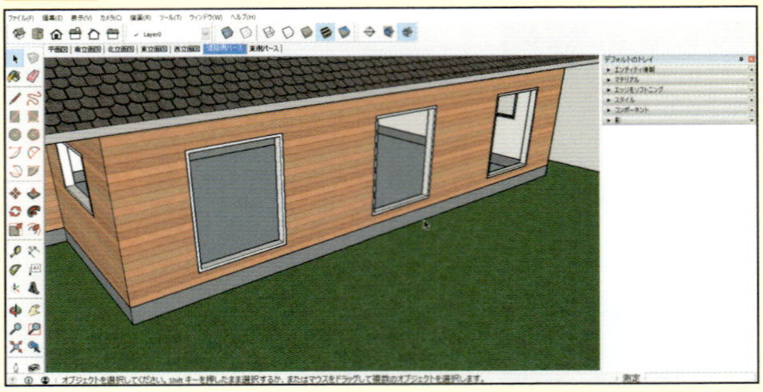

After

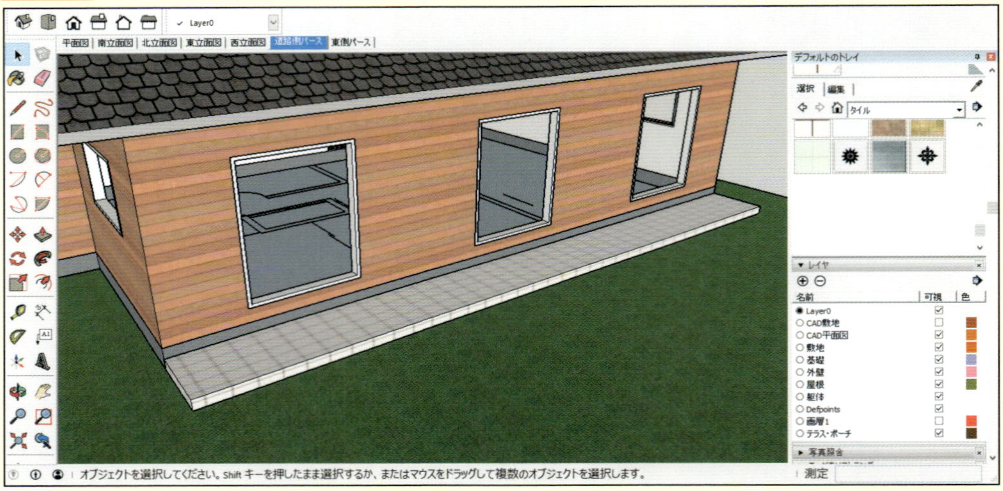

▶ テラスやポーチなどの外構を作成する

ここではテラスと玄関前のポーチを作成していきます。CADデータを取り込み、下図として利用します。CADデータを利用することで、作成の際に幅や長さの数値入力を省略できます。

STEP 1　テラスを作成する

1　直方体を作成する

[ファイル]→[開く]をクリックして、「model-5-04-start.skp」を開きます。
[CAD平面図]のレイヤの[可視]にチェックが付いており、表示されています。
[長方形]ツールでテラスの位置に長方形を作成し、[プッシュ/プル]ツールで厚さを[150]にします❶。

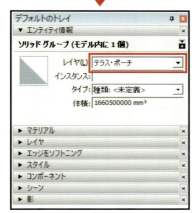

2　[レイヤ]を変更する

レイヤを[エンティティ情報]から[テラス・ポーチ]に変更します。

3　マテリアルをつける

任意のマテリアルをつけます。ここでは、[白い正方形タイル]をつけました。

STEP 2　ポーチを作成する

1　長方形を作成する

CAD平面図の外側の枠に合わせて、長方形を作成します。[オフセット]ツールで内側に[150]の距離でオフセットします❶。

2　ポーチに厚みをつける

[プッシュ/プル]ツールで、内側の長方形を「300」❶、外側の長方形を「150」押し上げます❷。

3　グループにする

作成したポーチをトリプルクリックしてすべて選択し、グループにします❶。レイヤを[テラス・ポーチ]に変更します❷。

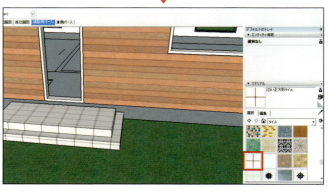

4　マテリアルをつける

任意のマテリアルをつけます。ここでは[白い正方形タイル]をつけました。

Chapter 6

モデルを詳細に作り込む

■Chapter6　モデルを詳細に作り込む

SECTION 01　屋根を作り込む

サンプルファイル　Model-6-01-start.skp

この節で行うこと

● 屋根の詳細を作り込む

ここからは、第5章で作成したモデルの詳細を作りこんでいく方法を解説していきます。玄関ポーチ上の屋根、屋根の妻側の詳細、軒先の詳細を作成していきます。

STEP 1 玄関ポーチの屋根を作成する

1 線を引く

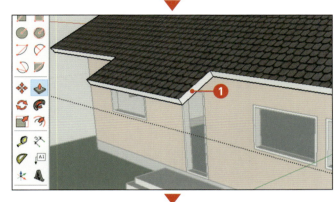

[ファイル]→[開く]をクリックして、「model-6-01-start.skp」を開きます。[ツールバー]→[選択]をクリックし、屋根をダブルクリックして編集モードにします❶。左図を参考にして、[線]ツールで線を2本引きます❷❸。

2 屋根を引き出す

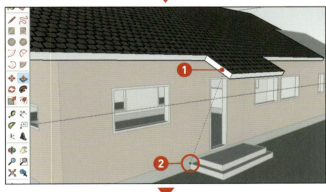

[プッシュ/プル]ツールで2本の線の間を手前に引き出し、[900]と入力し、Enterキーを押します❶。

3 屋根の幅を調整する

[プッシュ/プル]で屋根の側面をクリックし❶、マウスポインターを左図のようにポーチの端にあわせてクリックします❷。反対側も同様に幅を調整します。

4 編集を終了する

[選択]ツールで破線の外側をクリックし、編集モードを終了します。

STEP 2 軒先まわりを作成する

1 アングルを調整する

［オービット］ツールで南側の屋根が大きく見えるようにアングルを調整します。［ツールバー］→［選択］をクリックします❶。屋根をダブルクリックし、編集モードにします❷。

2 ガイドを作成する

［メジャー］ツールで、屋根の上のエッジをクリックします❶。下側に移動して［50］と入力し、Enter キーを押します。
続けて屋根の軒先のエッジをクリックします❷。内側に移動して、［50］と入力し、Enter キーを押します。

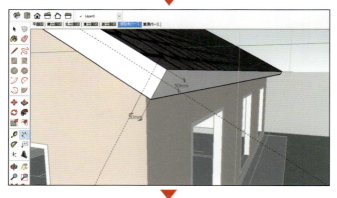

3 ガイド上に線を作成する

［線］ツールで左図のように、ガイド上に線を作成します。

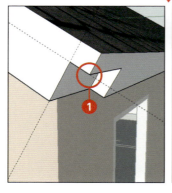 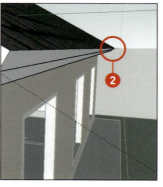

4 長方形を押し込む

［プッシュ／プル］ツールを実行して作成した長方形部分をクリックし❶、屋根の終端まで押し込みます。［オフセットの限度］という文字が出たところでクリックします❷。

STEP 3 屋根の妻側を作成する

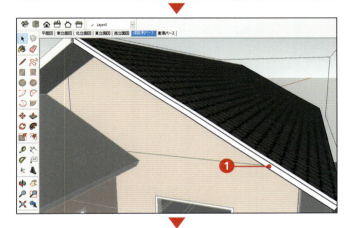

1 線を引く

[線]ツールで屋根の妻側のガイド上に線を引きます❶。

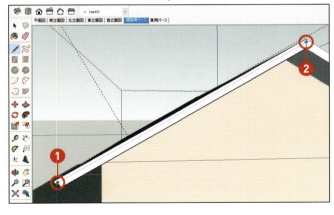

2 下の部分を押し込む

[プッシュ/プル]ツールで下の部分を押し込み❶、[50]と入力して Enter キーを押します。

3 反対側にも線を引く

反対側の妻側も同様に作成します。[線]ツールで軒先の端点をクリックし❶、ピンク色の線の状態を保ちながら、屋根の棟まで線を引きます❷。

> ⓘ Check
>
> ピンク色の線は、屋根の上面の辺と平行になっていることを表しています。
> 線が平行（ピンク色）にならないときは、作図中に屋根の上面の辺に一度触れるとよいでしょう。

4 下の部分を押し込む

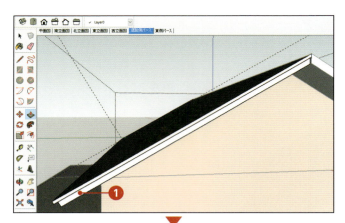

[プッシュ/プル]ツールで下の部分を押し込み❶、[50]と入力して Enter キーを押します。[選択]ツールで破線の外側をクリックし、編集モードを終了します。

5 ほかの屋根にも作成する

同様の操作で、ほかの屋根の全ての軒先まわり、妻側を同じ寸法で作り込みます。

6 ガイドを削除する

[編集]メニューの[ガイドを削除]をクリックし、ガイドを削除します。

Point

道路側の小屋根はコンポーネントなので、片側の屋根を編集すれば、反対側の屋根にも編集結果が反映されます。

■ Chapter6 モデルを詳細に作り込む

窓を作り込む

サンプルファイル Model-6-02-start.skp

この節で行うこと

窓の詳細を作成する

ここでは、作成したサッシにはめ込む窓を作りこんでいきます。引違いの窓は、[長方形][オフセット][プッシュ／プル]の各ツールで1枚の窓を作成し、コピーして引違いになるように配置していきます。長方形の一辺の長さだけを指定して作成する方法を解説します。

窓を作り込む　205

> **STEP 1** 掃出し窓を作成する

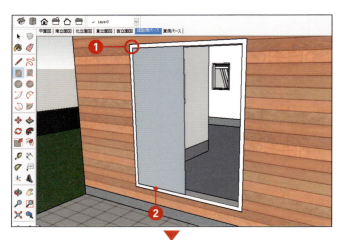

1　窓の長方形を作成する

［ファイル］→［開く］をクリックして、「model-6-01-start.skp」を開きます。［長方形］ツールでサッシの左上の端点をクリックし❶、サッシの下枠にマウスポインターを移動し、任意の位置でクリックします❷。［785,］と入力し、Enterキーを押します。

! Check

この方法で、長方形の一辺の長さだけを指定できます。

2　オフセットする

［オフセット］ツールで長方形のエッジをクリックし、マウスポインターを内側に移動します❶。［50］と入力し、Enterキーを押して内側にオフセットします❷。

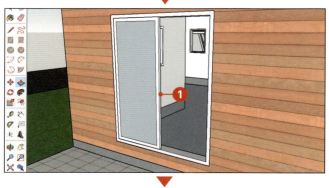

3　外側の長方形を押し込む

［プッシュ/プル］ツールを実行して外側の部分をクリックして押し込み❶、［40］と入力してEnterキーを押します。

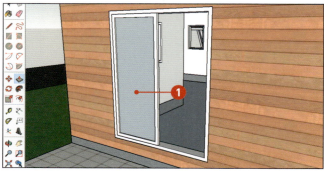

4　内側の長方形を押し込む

［プッシュ/プル］を実行して内側の長方形をクリックして押し込み❶、［20］と入力し、Enterキーを押します。

5 マテリアルを付ける

[トレイ]の[マテリアル]を開き、[ガラスと鏡]の[半透明__ガラス__青]をクリックし❶、内側の長方形をクリックします❷。

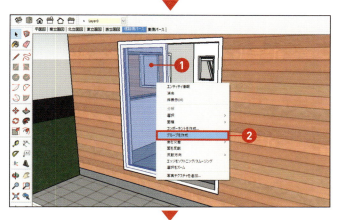

6 グループにする

[選択]ツールで、作成した窓をトリプルクリックし❶、右クリックして[グループを作成]をクリックします❷。

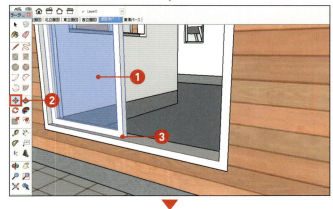

7 窓の位置を調整する

[選択]ツールで作成した窓をクリックし❶、[移動]ツールをクリックします❷。
窓の右下の端点をクリックし❸、[Shift]キーを押しながら奥へ移動します。[40]と入力し、[Enter]キーを押します。

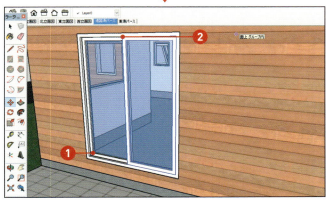

8 窓をコピーする

[移動]ツールをクリックし、[Ctrl]キーを押してコピーモードにします。
窓の左下をクリックして移動し❶、サッシの内側の角をクリックします❷。

窓を作り込む

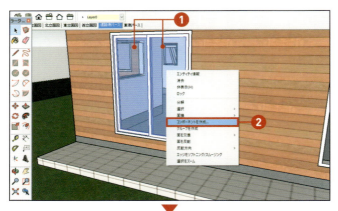

9 2枚の窓を選択する

[選択]ツールをクリックし、Shiftキーを押しながら、2枚の窓を選択します❶。
右クリックして、[コンポーネントを作成]をクリックします❷。

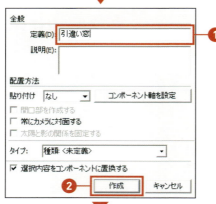

10 コンポーネントを作成する

[定義]の欄に[引違い窓]と入力して❶、[作成]をクリックします❷。

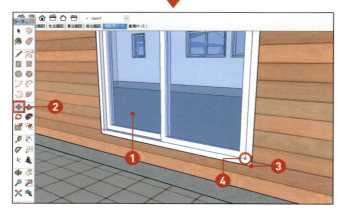

11 引違い窓をコピーする

[引違い窓]を選択します❶。[[移動]ツールをクリックし、Ctrlキーを押してコピーモードにします❷。右下の端点をクリックし❸、移動してサッシの右下角をクリックします❹。

12 残りのサッシにもコピーする

同様の操作で[引違い窓]をコピーして、残りのサッシにも配置します。

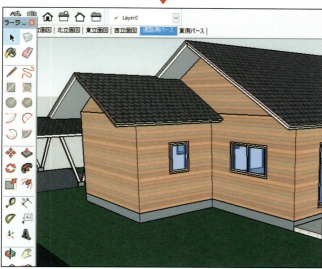

13 ほかの窓を作成する

同様の操作で他の窓も作成します。北側の壁面は、南側と同様に[785,]と入力して幅を指定できます。東西の壁面では向きが違うのでカンマを先にして[,785]と入力します。[たて]と[よこ]の数値の順番が違ってくるので注意しましょう。その他の入力する寸法は全て[引違い窓]と同じです。

■ Chapter6 モデルを詳細に作り込む

SECTION 03 ドアを作り込む

サンプルファイル　Model-6-03-start.skp

この節で行うこと

▶ ドアの詳細を作成する

ここでは、窓の作り込み同様に、サッシにドアを作り込んでいきます。今回は、框ドアを作成します。ドアの框を作成して、内側に厚みの薄い鏡板を作り込み、最後にドアノブをつけて立体感を出します。

> STEP 1　ドアを作成する

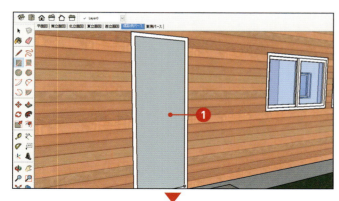

1　長方形を作成する

［長方形］ツールで、サッシの内側に長方形を作成します❶。

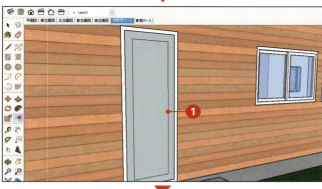

2　ドアの框を作成する

［オフセット］ツールで長方形のエッジをクリックし、内側に移動して［100］と入力し、Enterキーを押します❶。

3　ドアに厚みをつける

［プッシュ/プル］ツールで外側をクリックして押し込み、［80］と入力してEnterキーを押します❶。

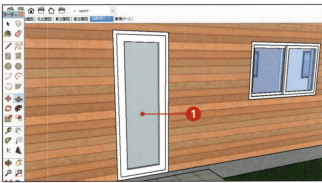

4　鏡板部分を作成する

［プッシュ/プル］ツールで内側の長方形をクリックして押し込み、［40］と入力してEnterキーを押します❶。

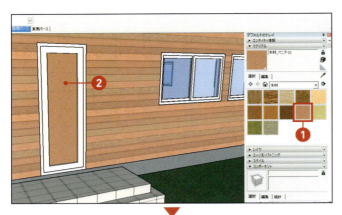

5 マテリアルを付ける

[トレイ]の[マテリアル]を開き、[木材]の[木材__ベニア02]をクリックし❶、ドアの鏡板をクリックします❷。

6 ドアノブの高さにガイドを作成する

[メジャー]ツールをクリックし、ドアの下端の線をクリックします❶。上へ移動して[900]と入力し、Enterキーを押します。

7 ドアノブを作成する

[円]ツールでガイド線上をクリックし❶、[40]と入力し、Enterキーを押します。[プッシュ/プル]で手前に引き出し、[50]と入力し、Enterキーを押します。

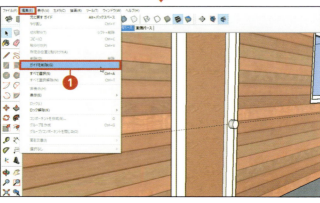

8 ガイドを削除する

[編集]メニューの[ガイドを削除]をクリックします❶。

■Chapter6　モデルを詳細に作り込む

SECTION 04 外構を作り込む

サンプルファイル　Model-6-01-start.skp

この節で行うこと

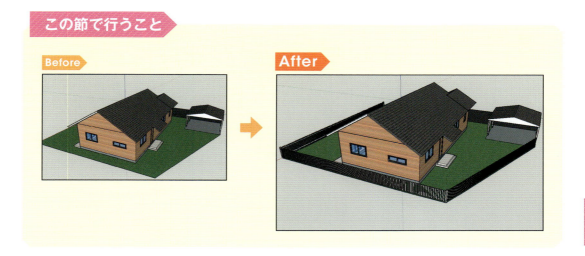

● 動的コンポーネントで外構を作成する

コンポーネントには、サイズを一定に設定したり、変形を防いだり、さまざまな属性を持つものもあります。このような属性を持ったコンポーネントを「動的コンポーネント」といいます。ここでは、インストールしたときに入っている、動的コンポーネントを使ってフェンスを作成します。
次図のように、通常のコンポーネントは、尺度を変更すると枠の幅も大きくなりますが、動的コンポーネントは、尺度を変更しても枠の幅が変わらないという特徴があります。

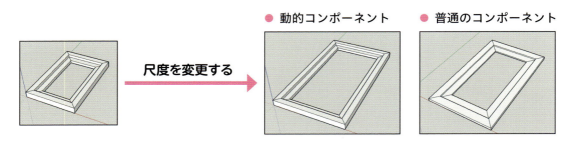

STEP 1　コンポーネントを配置する

1　動的コンポーネントを配置する

[トレイ]の[コンポーネント]を開き、[ナビゲーション]の[▼]をクリックし、[動的コンポーネントトレーニング]をクリックします❶。

2　コンポーネントを選択する

一覧の中の[フェンス]をクリックします❶。道路との境界線の角をクリックして配置します❷。

3　[尺度]を実行する

[フェンス]が選択されている状態で、[ツールバー]の[尺度]ツールをクリックし❶、中央の緑色の[□]をクリックします❷。

4　サイズを大きくする

敷地の奥までマウスポインターを移動し、端点をクリックします。クリックすると、フェンスの部材の間隔が均等に変化します。

STEP 2 ほかの場所にも配置する

1 東側と北側にも フェンスを配置する

[コンポーネント]の[フェンス]をクリックし❶、左図のように敷地の端に配置します❷。

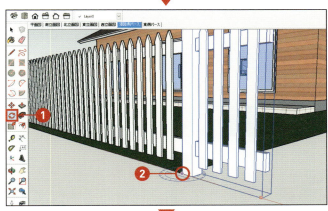

2 [回転]を実行する

[回転]ツールをクリックし❶、配置したフェンスの左図の位置をクリックして分度器を配置します❷。

> ⓘ Check
>
> 分度器の向きを合わせたいときは、↑キーを押します。

3 回転させる

マウスポインターを移動し、フェンスの端をクリックし、[90]と入力し、Enter キーを押します。

4 端まで伸ばす

[尺度]ツールで、フェンスを敷地の端まで伸ばします。

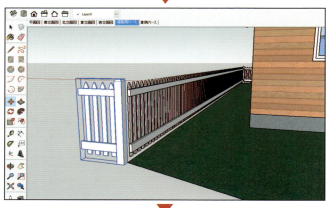

5 西側にも配置する

同様の操作で、左図の位置にフェンスを配置します。

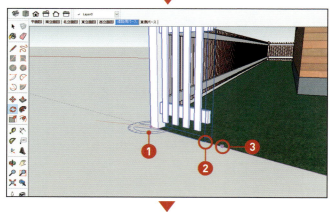

6 回転する

[回転]ツールをクリックし、分度器を左図のように敷地の端をクリックして配置します❶。フェンスの端と敷地の境界線上をクリックします❷❸。

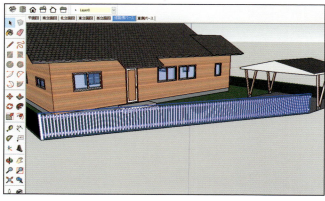

7 サイズを変える

[尺度]ツールで[駐車スペース]の手前まで引き伸ばします。これで、敷地がフェンスで囲まれました。

Chapter **7**

添景や背景を追加する

■ Chapter7 添景や背景を追加する

SECTION 01

表札を作成する

サンプルファイル Model-7-01-start.skp

この節で行うこと

Before

After

▶ 表札を作成する

ここからは、[3Dテキスト]ツールを使って、立体の文字を作成する方法を解説します。[3Dテキスト]はコンポーネントとして作成されます。3Dテキストはコンポーネント編集モードで自由に形を変えられますが、入力した文字自体は変更できません。変更する場合は、はじめから作成し直す必要があります。

STEP 1　表札板を作成する

1　長方形を作成する

［長方形］ツールで、ドア横の壁の一番下端をクリックして❶、［500,90］と入力し、Enterキーを押します。

2　厚みを付ける

［プッシュ/プル］ツールで長方形をクリックして❶、手前に引き出して［30］と入力し、Enterキーを押します。長方形をトリプルクリックですべて選択し、右クリックして［グループを作成］をクリックします。

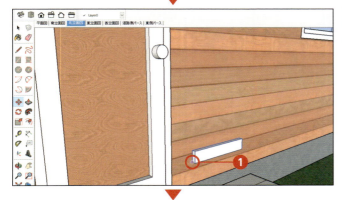

3　長方形を移動する

［移動］ツールで長方形の下端をクリックします❶。マウスポインターを上に移動し、［1500］と入力して、Enterキーを押します。

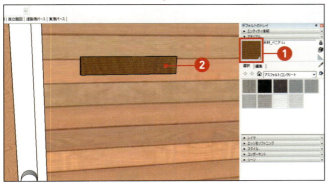

4　マテリアルを付ける

トレイの［マテリアル］を開き、［木材_ベニア01］をクリックします❶。
長方形をクリックして、マテリアルを付けます❷。

STEP 2　文字を作成する

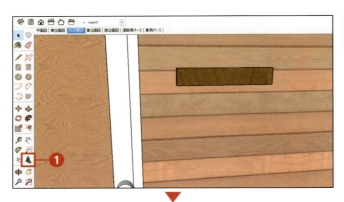

1　[3Dテキスト]を実行する

[3Dテキスト]ツールをクリックします❶。

2　テキストを入力する

次のように設定して、テキスト入力の場所に[SketchUp]と入力します❶。[配置]をクリックします❷。

フォント	HGS 明朝 B
位置揃え	中央
高さ	70
種類	[塗りつぶし]、[押し出し]にチェック
押し出し	15

3　テキストを配置する

表札板の下端の中点をクリックします❶。

4　文字が配置される

3Dテキストが表札板の上に配置されます。

STEP 3 3Dテキストを編集する

1 コンポーネントを確認する

トレイの[コンポーネント]を開きます。作成した[3Dテキスト]が登録されています❶。

2 [3Dテキスト]を編集する

3Dテキストをダブルクリックし、コンポーネントの編集モードにします❶。

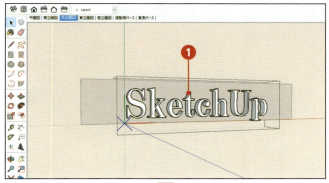

3 文字の高さを変える

[プッシュ/プル]ツールを実行して[S]の表面をクリックし❶、マウスポインターを手前の方に移動します。
[50]と入力し、Enterキーを押します。

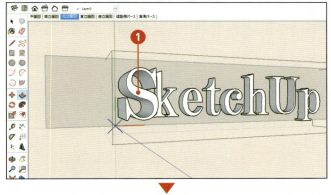

4 マテリアルを付ける

トレイの[マテリアル]を開いて、[木材_ボード_コルク]をクリックし❶、[S]の表面をクリックします❷。[選択]ツールをクリックし、破線の外側でクリックして編集を終了します。

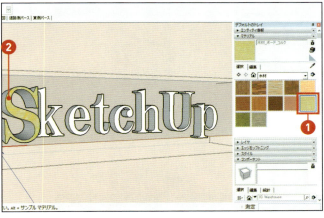

> ⓘ Check
> 配置された[3Dテキスト]はコンポーネントの編集モードで、大きさやマテリアルを変更できますが、入力内容は変更できません。

Chapter 7 添景や背景を追加する

表札を作成する　221

■ Chapter7　添景や背景を追加する

SECTION 02　添景を配置する

サンプルファイル　Model-7-02-start.skp

この節で行うこと

Before → After

● 3D Warehouseのコンポーネントを利用して添景を配置する

ここでは、Web上の[3D Warehouse]にあるコンポーネントを活用して、添景を配置していく方法を解説します。インターネットの環境が必要になります。

[3D Warehouse]には、世界で人気のある3Dモデラーが作成した数百万のモデルがあり、SketchUpを楽しむためにモデルをシェアしてダウンロードする場所です。

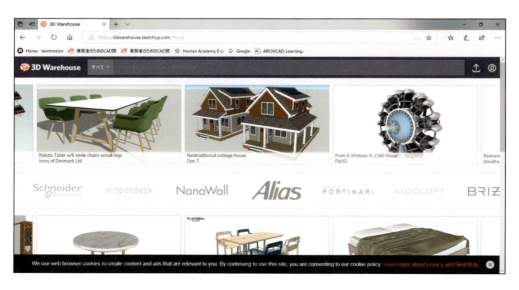

222　■ Chapter7　添景や背景を追加する

STEP 1 木を配置する

1 トレイの[コンポーネント]を開く

[▼]ナビゲーションをクリックし、[景観]をクリックします❶。

2 [3D Warehouse]にアクセスする

[Plants]をクリックすると❶、[3D Warehouse]が開きます。

3 [コレクション]をクリックする

[コレクション]をクリックして❶、[Tree 2D]をクリックします❷。樹木や植物などの3Dのモデルは、データサイズが非常に大きいので、2Dのモデルを使うほうが作業をスムーズに進められます。

4 配置する木を選ぶ

[2D Schematic Walnut Tree]にマウスポインターを移動させ、[クイックビュー]をクリックします❶。

5 モデルをダウンロードする

ファイルサイズ、ポリゴン数などのモデルの情報を見ることができます。[ダウンロード]をクリックします❶。確認のメッセージが表示されたら、[はい]をクリックします。

6 モデルを配置する

クリックして木を配置します❶。

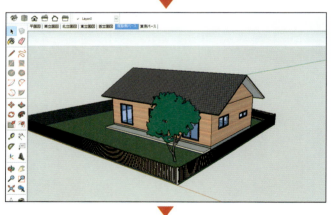

7 画面を変えてみる

[オービット]ツールで左図のように画面を変えてみます。配置した木は2Dモデルですが、常に正面を表示すように設定されています。

8 花と遊具を配置する

同様の操作で、下記の2つのコンポーネントも配置します。配置したらコピーして複数配置します。

[Plants]→[コレクション]→
[Shrubs 2D]→[2D Fountain Grass]
[レクリエーション]→[Trail Exercise Sit-Up]

STEP 2 道路側にフェンスを配置する

1 フェンスを選ぶ

トレイの[コンポーネント]から[Built Constructions]をクリックします。
[Arched Picket Fence]にマウスポインターを移動して、[クイックビュー]をクリックします❶。クイックビューが表示されたら、[ダウンロード]をクリックします❷。

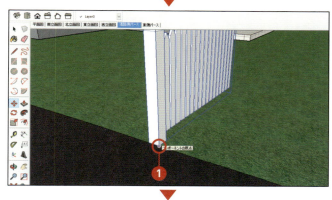

2 モデルを配置する

道路境界線上でクリックして配置します❶。

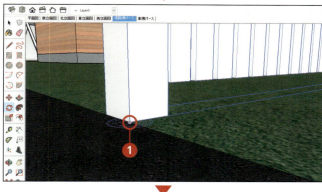

3 モデルを回転する

[回転]ツールをクリックし、分度器を柱の角をクリックして配置します❶。
分度器の向きが図のようにならないときは、↑キーを押すと変わります。

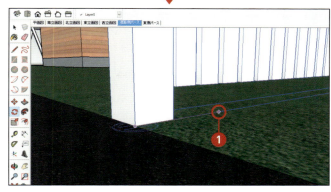

4 回転軸を決める

マウスポインターを青い線上に移動して、線上でクリックします❶。

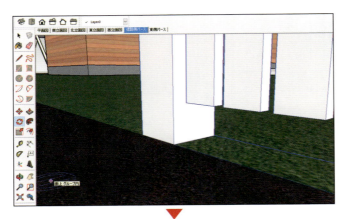

5 回転させる

マウスポインターを道路境界線の方向に少し動かし、値制御ボックスに[90]と入力して Enter キーを押します。

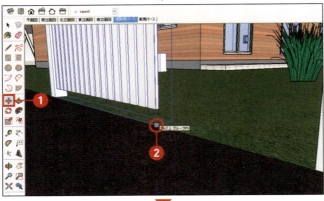

6 移動する

フェンスを選択し、[移動]ツールを実行します❶。左図の位置をクリックし、マウスポインターを移動します❷。

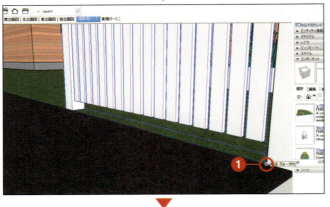

7 配置する

配置済みのフェンスの柱の角をクリックして配置します❶。

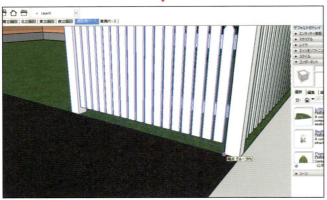

8 コピーする

フェンスを選択して、[移動]ツールを実行します。Ctrl キーを押してコピーモードにし、配置したフェンスの左図の位置をクリックします。マウスポインターを移動して、フェンスの柱の角をクリックして配置します。続けて「9x」と入力して Enter キーを押し、繰り返しコピーをします。

> **STEP 3** 車を配置する

1 車を選ぶ

トレイの[コンポーネント]から[乗り物]→[Compact car 4 door]をクリックします❶。[ダウンロード]をクリックして、車を駐車スペースに配置します❷。

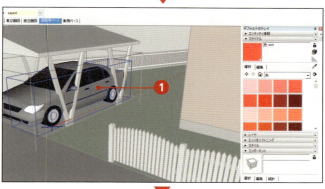

2 編集モードにする

車をダブルクリックして、編集モードにし、再度車をクリックすると、車体の半分が選択されます❶。このモデルは2つのグループになっています。

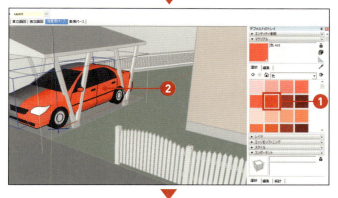

3 マテリアルを付ける

トレイの[マテリアル]の色から[色A05]をクリックし❶、選択されている側の車体をクリックします❷。

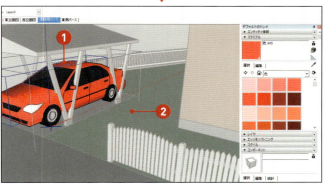

4 残りの車体半分にもマテリアルを付ける

[選択]ツールで反対側の車体をクリックし、同様の操作で同じマテリアルを付けます❶。[選択]ツールで破線の外側をクリックして、編集モードを終了します❷。

■Chapter7　添景や背景を追加する

SECTION 03　背景をつける

サンプルファイル　Model-7-03-start.skp

この節で行うこと

▶ 背景を設定する

ここでは、トレイにある［スタイル］の背景の使い方について解説していきます。
描画領域を表示したり、色を変えたり、画像を背景に設定したりすることができます。

STEP 1　背景に色をつける

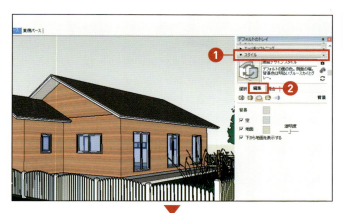

1 トレイの[スタイル]を開く

[ファイル]→[開く]をクリックして、「model-7-03-start.skp」を開きます。トレイの[スタイル]を開きます❶。[編集]タブをクリックします❷。

2 空の色を変える

[空]の横にある色の付いた[□]をクリックします❶。

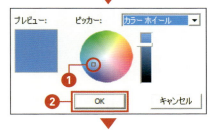

3 空の色を選択する

ピッカーの中をクリックして空の色を選択して❶、[OK]をクリックします❷。

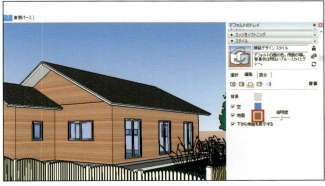

4 地面の色を変える

背景の空の色が変わりました。引き続き同様の操作で、地面の色も変えます。

ⓘCheck

[空]と[地面]のチェックをはずすと、背景の空と地面がなくなります。

STEP 2 背景に画像を挿入する

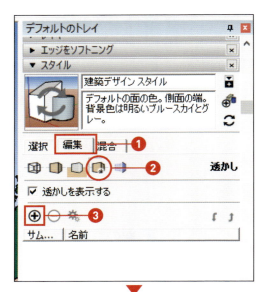

1 [透かし]を使う

[編集]タブをクリックし❶、[透かし設定]をクリックします❷。[＋]をクリックします❸。

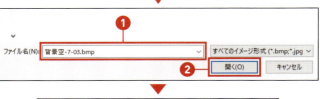

2 画像を取り込む

[背景空-7-03.bmp]を選択して❶、[開く]をクリックします❷。

3 背景に設定する

[背景]にチェックを付けて❶、[次へ>>]をクリックします❷。

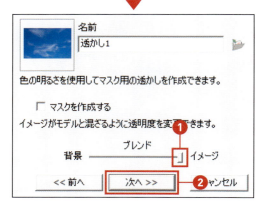

4 背景の透明度を設定する

スライダーを[イメージ]側に移動します❶。[背景]側に動かすと徐々に画像の透明度が高くなります。[次へ>>]をクリックします❷。

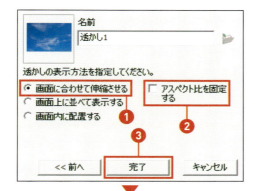

5 透かしの表示を指定する

[画面に合わせて伸縮させる]にチェックを付けます❶。背景の両端が切れてしまわないように、[アスペクト比を固定する]のチェックを外して❷、[完了]をクリックします❸。

6 背景に画像が挿入される

[背景空-7-03.bmp]が挿入されました。挿入した画像は編集することができます。[モデルスペース]の透かし画像[透かし1]が選択されているのを確認して、[透かし設定を編集]をクリックします❶。

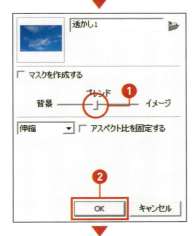

7 透明度を変更する

[ブレンド]のスライダーを中央に移動して❶、[OK]をクリックします❷。

8 空の色が変更される

空の色が少し薄くなりました。

■ Chapter7 添景や背景を追加する

SECTION 04 影をつける

サンプルファイル　Model-7-04-start.skp

この節で行うこと

▶ モデル全体に影をつける

ここでは、影の設定について解説していきます。SketchUpでは、日時、影の表示場所、明暗などを設定でき、日照の確認ができます。なお、画面上では、緑軸が真北に設定されてるので、設定を行うときは注意しましょう。

STEP 1 影を表示する

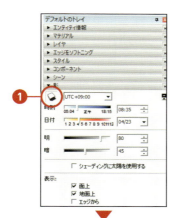

1 影の表示をする

トレイの[影]をクリックして開き、[影を表示/隠す]をクリックします❶。

2 影がつく

影が表示されます。

3 時刻を変更する

[影]トレイの[時刻]ボックスの数値を変更すると、時刻を詳細に設定することができます。

Point

[時刻]横の青色のスライダーを動かしても時刻を変更できます。

MEMO 影の設定をする

[影]トレイでは、時刻だけではなく、日付も変更することができます。時刻と同じように、[日付]横の赤色のスライダーを動かすと日付を変更できます。また、[日付]ボックスの横の[▼]をクリックすると、カレンダーが表示されます。カレンダーから日付を選択すると、その日の太陽の動きや高さに合わせた影が付きます。なお、日付を変更する前に、UTC（協定世界時）の設定を確認しましょう（日本はUTC+9:00）。

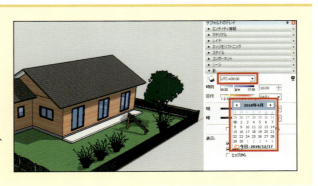

COLUMN

文字について

［ツールバー］の［テキスト］をツールを使うと、面上や線に文字を記入したり、図形に引出線付きの注釈を記入できます。

❶ ［ツールバー］の［テキスト］をクリックし、線をクリックします❶。文字を記入したい位置でクリックし、文字を入力して Enter キーを2回押して終了します❷。

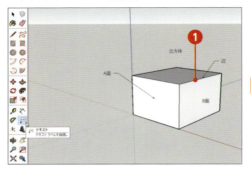
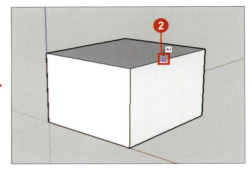

❷ 面上でクリックしても、同様の操作で文字が記入できます。

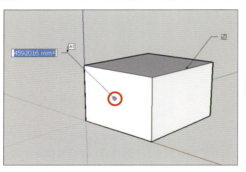
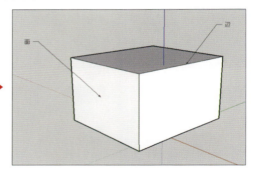

❸ 図形のないところでクリックしたり、面や線をダブルクリックすると、引き出し線のない文字が記入できます。

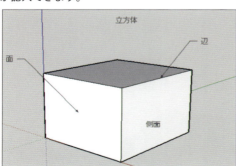

❹ 記入した文字をダブルクリックすると、文字の編集ができます。［ウィンドウ］メニューの［モデル情報］でテキストの設定ができます。

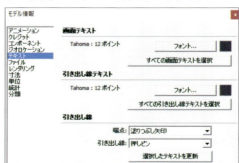

Chapter 8

プレゼンテーションをする

Chapter8 プレゼンテーションをする

SECTION 01 レイヤを使う

サンプルファイル　Model-8-01-start.skp

この節で行うこと

Before

After

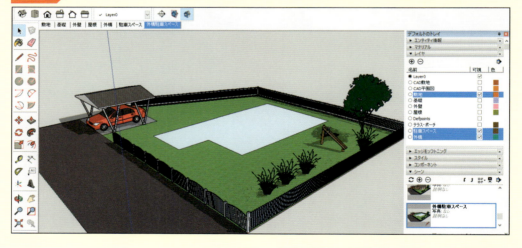

▶ レイヤ機能を使う

ここからは、レイヤ機能をプレゼンテーションに活用する方法を解説します。オブジェクトを[レイヤ0]で作成したら、作成しておいた各[レイヤ]に変更することで、オブジェクトの表示をコントロールすることができ、モデル内の整理をすることができます。さらにシーン機能を利用することで、スマートなプレゼンテーションができます。

STEP 1　レイヤを作成・表示する

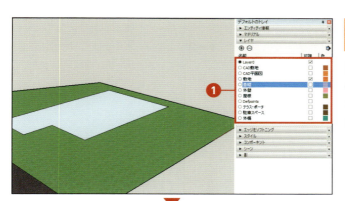

1　「敷地」レイヤの設定を確認する

[model-8-01-start.skp]を開いて、トレイの[レイヤ]の表示を確認します❶。
このファイルは、[敷地]レイヤの[可視]にチェックが付いています。

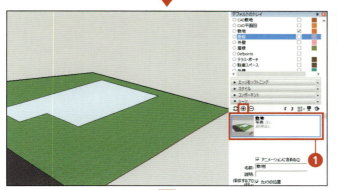

2　敷地のシーンを作成する

トレイの[シーン]を開き、[＋]をクリックしてシーンを作成し、名前を[敷地]にします❶。画面左上に[敷地]のタブが作成されます。

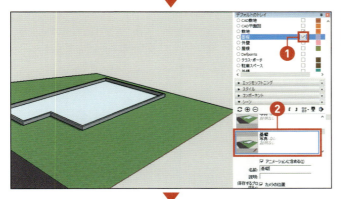

3　基礎レイヤを表示する

トレイの[基礎]レイヤの可視にチェックを付け❶、シーンを追加して、名前を[基礎]にします❷。画面左上に[基礎]のタブが作成されます。

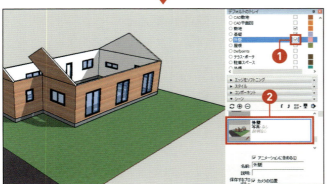

4　外壁レイヤを表示する

トレイの[外壁]レイヤの可視にチェックを付け❶、シーンを追加して、名前を[外壁]にします❷。画面左上に[外壁]のタブが作成されます。

レイヤを使う　237

5　ほかのレイヤも作成する

同様の操作で、[屋根][外構][駐車スペース]の各レイヤを表示したシーンを、それぞれ作成します。画面左上に[屋根][外構][駐車スペース]のタブが追加されます。

6　[屋根]のタブを開く

画面左上の[屋根]タブをクリックします。[外構]、[駐車スペース]のレイヤは非表示されています。

7　[外構]のタブを開く

画面左上の[外構]タブをクリックします。[駐車スペース]のレイヤは非表示にされています。

8　レイヤの組み合わせを変える

[敷地][テラス・ポーチ][外構]のレイヤにチェックを付けて❶、シーンを作成し、名前を[外構駐車スペース]にします❷。建物が非表示になります。このように、レイヤの表示を組み合わせることで、さまざまなプレゼンテーションがスムーズに行えます。

Chapter8 プレゼンテーションをする

SECTION
02 表現を変える

サンプルファイル　Model-8-02-start.skp

この節で行うこと

▶ スタイルの編集をして表現を変える

ここでは、スタイルの[エッジ設定][面設定]を使って、作成したモデルの表現を変える方法を解説します。エッジ設定や面設定でモデルの表現を変えれば、プレゼンテーションに活用できます。[エッジ]は、モデルを表現している[線]です。

表現を変える　239

STEP 1　エッジの設定を変える

1　デフォルトの設定を確認する

[model-8-01-start.skp]を開いて、トレイの[スタイル]を開きます。
[編集]タブをクリックし❶、[エッジ設定]をクリックします❷。デフォルトの設定では[エッジ]と[外形線]にチェックが付いています。

2　[外形線]をなくす

[外形線]のチェックを外します❶。
モデルの輪郭を強調する線がなくなり、全てのエッジが同じ太さになります。

3　[エッジ]をなくす

[エッジ]のチェックも外します❶。全ての線がなくなります。

4　[外形線]だけを表示する

[外形線]だけにチェックを付けます❶。
モデルの輪郭の線だけが表示されます。

STEP 2　面設定のスタイルを変える

1　ワイヤーフレームモードにする

［編集］タブの［面設定］をクリックします❶。［スタイル］の［ワイヤーフレームモードで表示］をクリックします❷。モデルが線のみで表示されます。

2　隠線モードにする

［スタイル］の［隠線モードで表示］をクリックします❶。モデルが線のみで表示されますが、面で隠れた線は表示されません。

3　シェーディングモードにする

［スタイル］の［シェーディングモードで表示］をクリックします❶。マテリアルがついている面は、マテリアルを構成する主な色で表示されます。

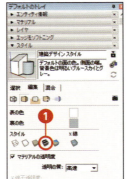

4 標準の表示設定にする

[スタイル]の[テクスチャ付きシェーディングモードで表示]をクリックします❶。これは標準の表示設定です。面にマテリアルの質感が表示されます。

5 すべて同じテクスチャで表示する

[スタイル]の[すべて同じテクスチャを使ってシェーディングを表示]をクリックします❶。モデル全体が[表の色]と[裏の色]で設定された色で表示されます。

6 X線モードで表示する

[X線モードで表示]をクリックします❶。レントゲン写真のようにモデルを透かして表示します。

📖 MEMO　X線は組み合わせ可能

X線モードは[ワイヤフレームモードで表示]以外のモードと一緒に使うことができます。
左図は[X線モードで表示]と[テクスチャ付きシェーディングモードで表示]を一緒に使っています。

Chapter8 プレゼンテーションをする

SECTION 03 断面機能を使って表現する

サンプルファイル　Model-8-03-start.skp

この節で行うこと

▶ モデルの断面を表示する

ここでは、断面ツールを使ってモデルを切断した状態の表示にする方法について解説します。建物を垂直に切断すると、床や天井などの内部の高さ関係がわかります。断面の設定に数の制限はありません。

STEP 1 断面を表現する

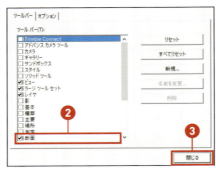

1 [断面]を表示する

[model-8-03-start.skp]を開いて、[表示]→[ツールバー]をクリックします❶。[ツールバー]の[断面]にチェックを付け❷、[閉じる]をクリックします❸。

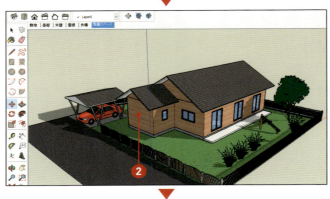

2 断面の向きを設定する

画面に[断面]ツールが表示されます。[断面]ツールの[断面平面]をクリックして❶、断面を作成したい面の壁をクリックします❷。

3 [断面平面]が作成される

クリックした面に[断面平面]が作成されます。

4 断面の位置を変える

[移動]ツールをクリックし、マウスポインターを移動して、[断面平面]の色が変わったら、クリックして[断面平面]を移動します❶。切断面の位置を変更できます。

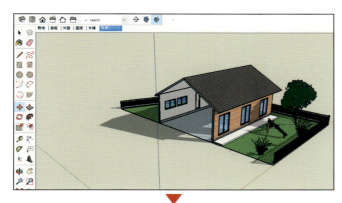

5 [断面平面]の表示を変える

断面ツールの[断面平面を表示]をクリックすると、[断面平面]が非表示になります❶。

6 切断前の状態を表示する

断面ツールの[断面カットを表示]をクリックすると、切断前の状態が表示されます❶。

📖 MEMO　断面に名前を付ける

SketchUp2018 以降では、[断面] ツールの [断面平面] をクリックすると、各断面に名前と番号を付けられます。

また、断面に塗りつぶしが適用できます。塗りつぶしの色は、トレイの [スタイル] で設定できます。

断面機能を使って表現する　　245

SECTION 04 ウォークスルーをする

サンプルファイル　Model-8-04-start.skp

この節で行うこと

Before

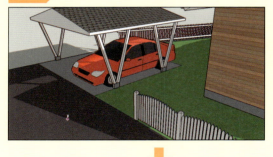

After

▶ ウォークスルーで敷地内を見る

［ウォーク］ツールを使って、敷地内を歩いてみます。マウスポインターの操作で、実際に歩いている感覚で移動することができます。

STEP 1 カメラの視点を決める

1 ［カメラを配置］を実行する

［カメラ］メニューの［カメラを配置］をクリックします❶。

2 視点の位置を決める

左図の道路の位置でクリックして❶、視点の向きにドラッグしてはなします❷。

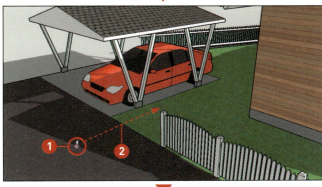

3 視点が変わる

クリックした位置での視点の画面に変わります。［1500］と入力して視点の高さを変更します。

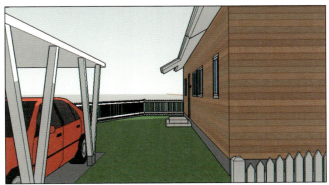

STEP 2　ウォークスルーする

1　[ウォーク]を実行する

[カメラ]メニューの[ウォーク]をクリックします❶。

2　向きを変える

マウスをドラッグして移動します。画面上で[右方向]にドラッグすると右へ旋回します。[左方向]にドラッグすると、左へ旋回します。

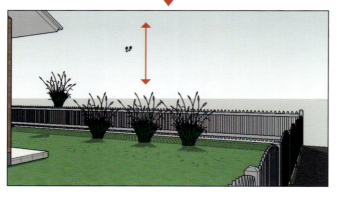

3　前進する

画面上で[上方向]にドラッグすると前進します。[下方向]にドラッグすると後退します。フェンスなどに衝突して移動できなくなったときは、Altキーを押しながらドラッグすると移動できるようになります。

SECTION 05 アニメーションを作成する

サンプルファイル　Model-8-05-start.skp

この節で行うこと

Before

After

▶ シーンを追加してアニメーションを作成する

ここでは、アニメーションで見せる[シーン]を追加して、アニメーションとして保存する方法を解説します。

STEP 1　視点を変更してシーンを追加する

1　視点を決める

[model-8-05-start.skp]を開きます。[ウォークスルーを作成する]で設定した同様の操作で、同じ視点の場所に[カメラ]→[カメラを配置]をクリックして、高さ[1500]で視点を設定します。

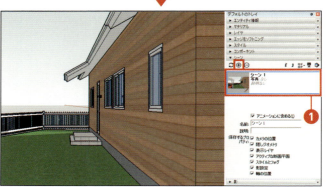

2　[シーン1]を追加する

トレイの[シーン]を開いて、[+]をクリックして[シーン1]を追加します❶。

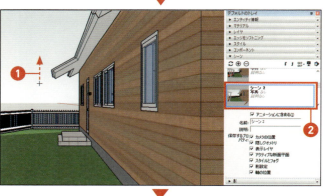

3　[シーン2]を追加する

[カメラ]メニューの[ウォーク]をクリックして、マウスを上方向に少しドラッグして前進します❶。[シーン2]を追加します❷。

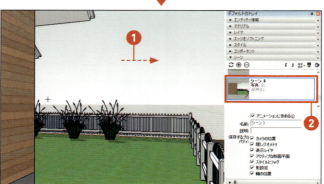

4　[シーン3]を追加する

マウスを右方向にドラッグして旋回し❶、[シーン3]を追加します❷。

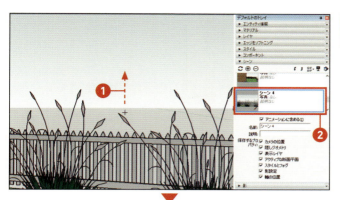

5 [シーン4]を追加する

マウスを上方向にドラッグして前進し❶、[シーン4]を追加します❷。

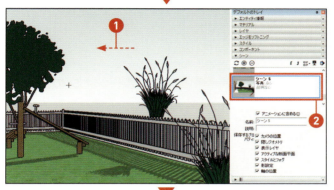

6 [シーン5]を追加する

マウスを左方向にドラッグして旋回し❶、[シーン5]を追加します❷。

● [シーン6]

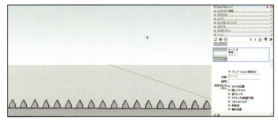

7 ほかのシーンも作成する

同様の操作で、下図の視点で[シーン]を追加します。

● [シーン7]

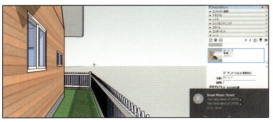

● [シーン8]

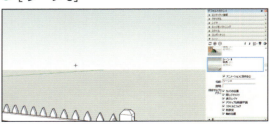

● [シーン9]

● [シーン10]

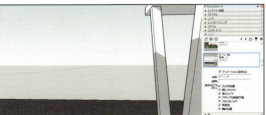

STEP 2 アニメーションを作成する

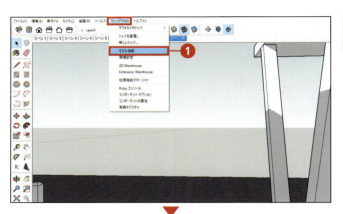

1 モデル情報を開く

[ウィンドウ]メニューの[モデル情報]をクリックします❶。

2 アニメーションの設定をする

[アニメーション]をクリックし❶、[シーンの切り替え]を[2秒]にして❷、[シーンの遅延]を[0秒]にします❸。

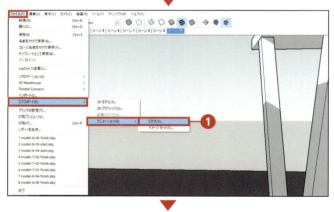

3 アニメーションを作成する

[ファイル]メニューの[エクスポート]→[アニメーション]→[ビデオ]をクリックします❶。

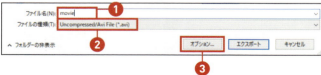

4 保存場所やファイルの種類を設定する

[Windows Media Player]で再生できるAVI形式で保存します。保存場所を指定して、ファイル名は[movie]にします❶。
ファイルの種類は、[Uncompressed/Avi File(*.avi)]にします❷。[オプション]をクリックします❸。

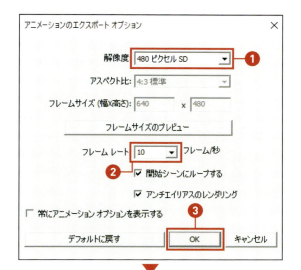

5 サイズの設定をする

短い時間で作成できるように、ここでは［解像度］を［480 ピクセル SD］❶、［フレームレート］を［10］に変更して❷、［OK］をクリックします❸。

> **! Check**
>
> フレームレートの値が大きい方がなめらかなアニメーションになりますが、エクスポートに時間がかかり、出力されるファイルのサイズも大きくなります。

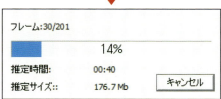

6 アニメーションの作成が始まる

手順4の画面に戻るので、［エクスポート］をクリックすると、ムービーの作成が始まります。作成終了まで待ちます。

7 アニメーションの再生をする

保存された［movie.avi］ファイルをダブルクリックして再生します。

📖 MEMO　アニメーションの設定

［ウィンドウ］メニューの［モデル情報］の［アニメーション］の設定で、［シーンの切り替え］や［シーンの遅延］の秒数の設定ができます。

［シーンの切り替えを有効にする］にチェックを付けると、下のボックスで指定した秒数をかけて次のシーンに切り替わります。チェックを外すとシーン間のアニメーションなしでスライドのようにシーンが切り替わります。［シーンの遅延］の秒数は、次のシーンに切り替えが始まるまでのシーンが止まっている時間です。

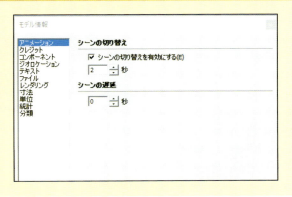

COLUMN

視野角について

室内にカメラを配置すると、視野が狭くて部屋全体が把握できないことがあります。そのような場合は視野角を広げると部屋全体の様子が分かりやすくなります。なお、視野角は120度まで設定できますが、角度を広げるとゆがみも大きくなるので、注意しましょう。

❶ ［ファイル］メニューの［開く］をクリックして、「視野角コラム.skp」を開き、［ツールバー］→［カメラ］をクリックします。図のようにソファの前をクリックして、ダイニングテーブル方向に向けてカメラを配置します。

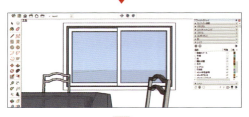

❷ 眼高を［1700］に変更します。図のように部屋の一部しか見えません。

❸ ［カメラ］メニューの［視野］をクリックします。視野角が35度に設定されています。

❹ ［60］と入力して Enter を押します。視野角は120度まで設定できますが、角度を広げるとゆがみも大きくなるので、注意しましょう。

❺ カメラの配置を設定しなおします。同じ位置に再度カメラを配置し、眼高を［1700］にします。室内の見える範囲が広がります。「60mm：と入力すると、焦点距離が［60mm］、「35deg」と入力すると視野角が［35.00度］になります。

Chapter **9**

内観を作成する

SECTION 01 床を作成する

サンプルファイル　Model-9-01-start.skp

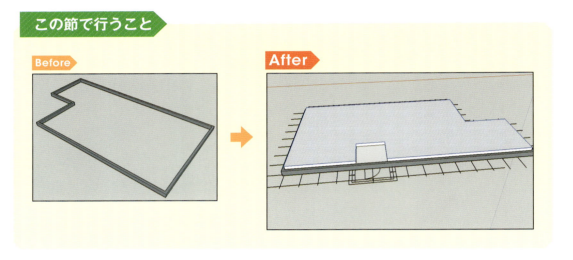

▶ モデル内部の床を作成する

ここからは、第5章で作成したモデルの内観を作りこんでいきます。内観を作成しやすいように、不要なレイヤは非表示にして進めていきます。

最初に、基礎の内側に長方形を作成して、玄関土間の以外の床を［プッシュ／プル］で厚みを付けていきます。次に、CADのデータを表示して、土間部分の範囲を作成します。

STEP 1 床を作成する

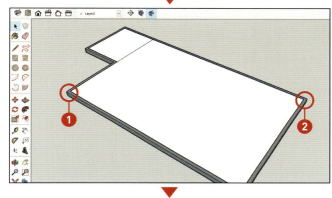

1 [長方形]を作成する

[ファイル]→[開く]をクリックして、「model-9-01-start.skp」を開きます。基礎以外のレイヤは非表示にしています。[長方形]ツールで、左図の基礎の端点をクリックし、小さい方の長方形を作成します❶❷。

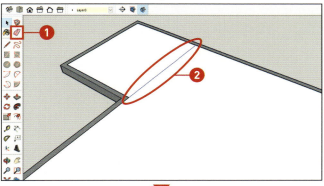

2 大きな長方形も作成する

引き続き、大きい方の長方形も作成します❶❷。

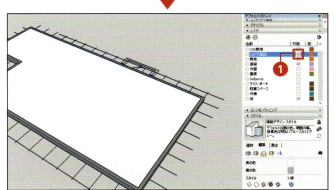

3 長方形の境界を削除する

[ツールバー]→[消しゴム]ツールをクリックします❶。2つの長方形の境の線をクリックして削除します❷。

4 [CAD平面図]レイヤを表示する

トレイの[レイヤ]を開いて、[CAD平面図]の[可視]にチェックを付けます❶。

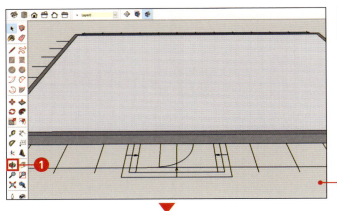

5 アングルを変える

[オービット]ツールをクリックし①、玄関や土間を作成しやすいように、アングルを変えます②。

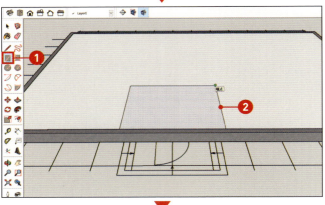

6 長方形を作成する

[長方形]ツールをクリックし①、CADデータの土間の位置に大きめの長方形を作成します②。

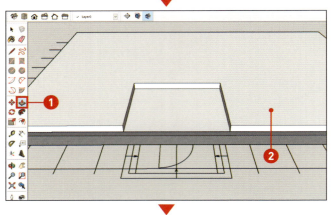

7 床の厚みをつける

[プッシュ/プル]ツールをクリックし①、土間以外の床部分をクリックして持ち上げ②、[200]と入力して、Enter キーを押します。

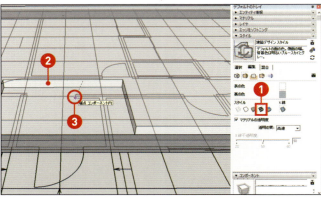

8 正面の土間のサイズを合わせる

トレイの[スタイル]を開いて、スタイルの[Xモードで表示]をクリックします①。
[プッシュ/プル]ツールをクリックし、奥の立ち上がり部分をクリックして、手前に引き出します②。推定機能を活用して、壁の端点をクリックします③。

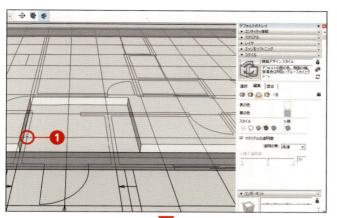

9 左側の土間のサイズを合わせる

左側の立ち上がり部分をクリックして、右方向に引き出します。推定機能を利用して、壁のラインとグリッドの交点をクリックします❶。

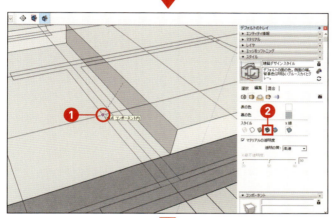

10 右側の土間のサイズを合わせる

右側の立ち上がり部分をクリックして、左方向に引き出します。推定機能を活用して、壁のラインとグリッドの交点をクリックします❶。トレイの[スタイル]の[Xモードで表示]をクリックして、通常の表示に戻します❷。

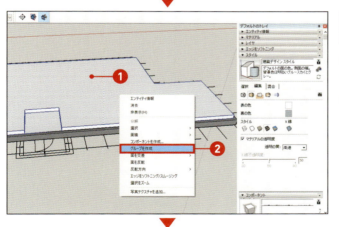

11 グループにする

床をトリプルクリックして、床を全て選択します❶。右クリックして[グループを作成]をクリックします❷。

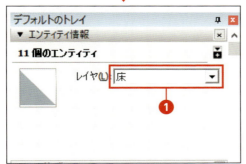

12 レイヤを変更する

トレイの[エンティティ情報]を開き、[レイヤ]を[床]に変更しておきます❶。

SECTION 02 内壁を作成する

サンプルファイル　Model-9-02-start.skp

この節で行うこと

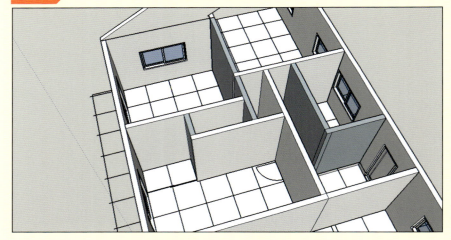

▶ CADデータを利用して内壁を作成する

ここでは内壁を作成していきます。
内壁を作成する際も、CADデータを下図として利用します。CADデータを利用することで、作成の際の幅や長さの数値入力を省略でき、効率よく作業できます。

STEP 1　CADデータの位置を変える

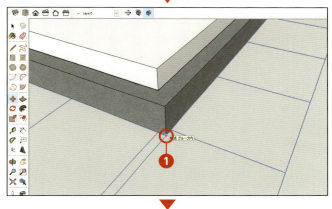

1　CADデータを選択する

[選択]ツールをクリックし❶、[CADデータ]を選択します❷。

2　高さを変える

[移動]ツールをクリックし、基礎の下端をクリックします❶。マウスポインターを上方向へ移動し、[500]と入力して Enter キーを押します❷。

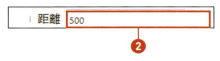

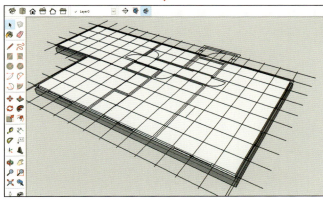

3　CADデータが床上に表示される

[CADデータ]が床の高さになり、床上に表示されます。

STEP 2 窓枠を修正する

1 外壁を表示する

[外壁]レイヤの[可視]にチェックを付けて、表示します❶。

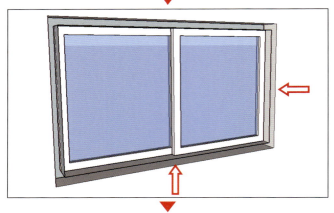

2 窓枠の確認をする

窓の室内側の枠が隙間になっています。この隙間が埋まるように修正します。

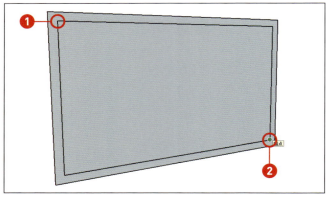

3 長方形を作成する

[長方形]ツールをクリックし、窓全体を覆うように端点をクリックして[長方形]を作成します❶❷。

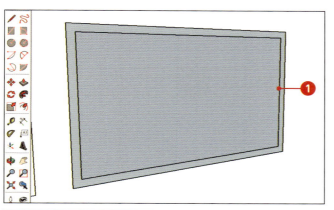

4 内側の長方形を削除する

[選択]ツールで内側の[長方形]をクリックし、Deleteキーを押して削除します❶。

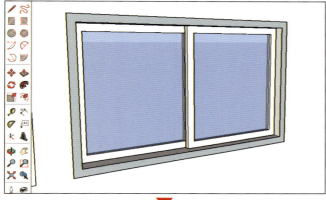

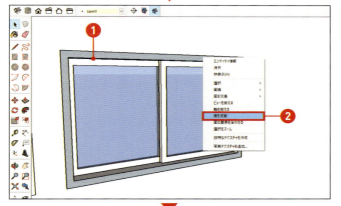

5 面の向きを変える

作成した枠を選択し❶、右クリックして[面を反転]をクリックします❷。

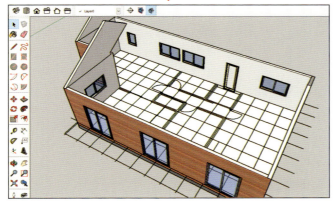

6 ほかの窓やドアの枠を修正する

ほかの窓とドアの枠も隙間になっているので、同様の操作で修正します。

STEP 3 　内壁を作成する

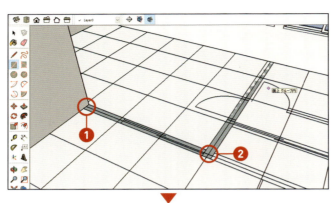

1　CADデータを下図にする

[長方形]ツールをクリックし、[CADデータ]の平面図の内壁の位置に長方形を作成します❶❷。

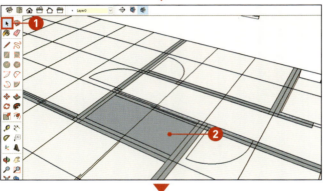

2　[面]を削除する

[選択]ツールをクリックし❶、長方形の[面]を選択して Delete キーを押して削除します❷。

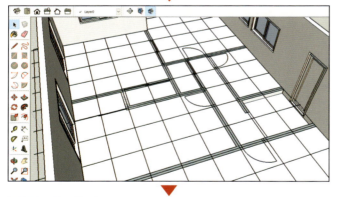

3　ほかの内壁を作成する

[長方形]ツールでほかの内壁の場所にも、[長方形]を作成します。
ドアの場所も間を開けずに、長方形を作成します。

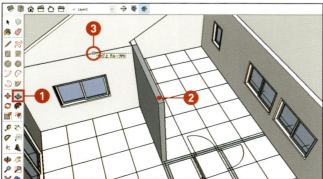

4　壁を押し出す

[プッシュ／プル]ツールをクリックし❶、作成した[長方形]をクリックして上方向に上げます❷。推定機能を活用して、マウスポインターで[外壁]上部のエッジをクリックして、同じ高さにします❸。

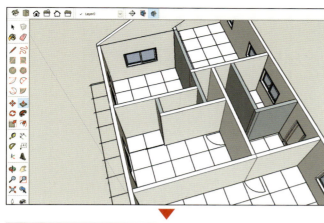

5 ほかの内壁も押し出す

同様の操作で、ほかの壁も［プッシュ／プル］で［外壁］と同じ高さにします。

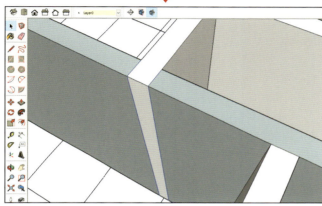

6 壁のつなぎ目の線を消す

左図の壁のつなぎ目の不要な線は、［消しゴム］ツールでクリックして削除していき、壁の境目が無くなるようにします。

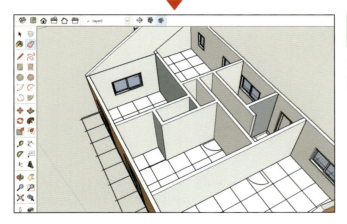

7 ほかの内壁も処理する

同様の操作で、全ての内壁の不要な線を削除します。

■ Chapter9　内観を作成する

SECTION 03 サッシを作成する

サンプルファイル　Model-9-03-start.skp

この節で行うこと

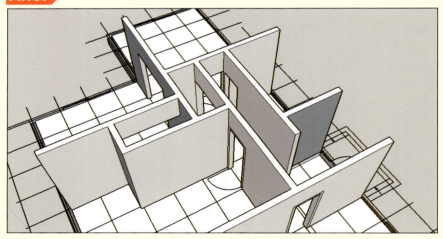

▶ 内部のドアのサッシを作成する

ここからはドア部分の開口部に［長方形］と［オフセット］ツールで、サッシ（枠）を作成して、［プッシュ／プル］ツールで壁の厚み分を押し出して作成していきます。ドアがない部分は、開口だけを作成します。作業がしやすいように［外壁］のレイヤは非表示にします。

STEP 1　サッシを作成する

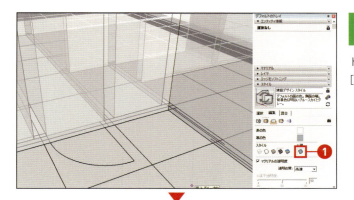

1　[X線モード]にする

トレイの[スタイル]を開いて、スタイルの[Xモードで表示]をクリックします❶。

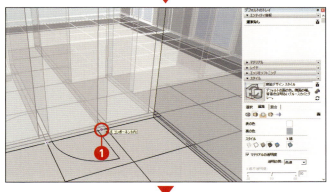

2　長方形を作成する

CADデータのサッシの外側左下端点をクリックし❶、→キーを押して、マウスポインターを上方向に少し動かします。

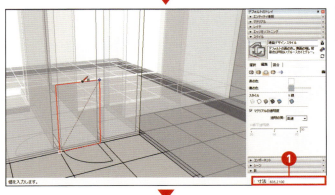

3　長方形のサイズを指定する

[835,2100]と入力し、Enterキーを押します❶。

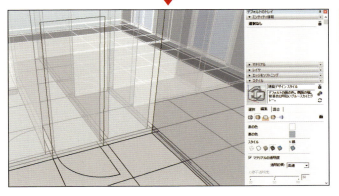

4　サッシの外側ができる

サッシの外側の形ができました。

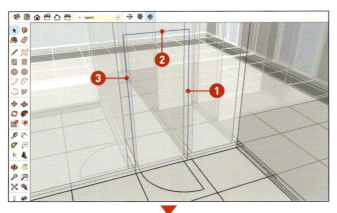

5 3辺を選択する

[選択]ツールをクリックし、Shiftキーを押しながら、長方形の3辺をクリックして選択します❶❷❸。

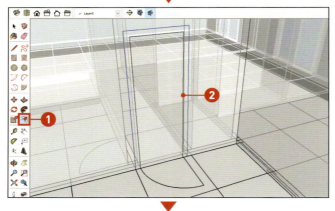

6 オフセットする

[オフセット]ツールをクリックして❶、選択したエッジをクリックし内側をクリックします❷。[75]と入力し、Enterキーを押します。

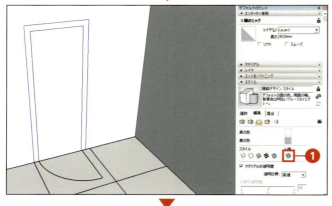

7 [X線モード]を終了する

トレイの[スタイル]の[Xモードで表示]をクリックして、通常の表示に戻します❶。

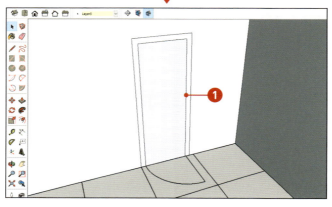

8 長方形を削除する

内側の長方形を選択し、Deleteキーを押して削除します❶。

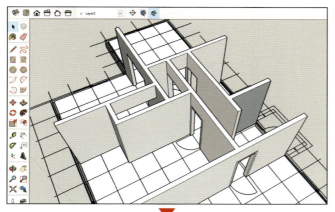

9 ほかのサッシを作成する

同様の操作で、ほかのドア部分のサッシを次のサイズで作成します。

サイズ	幅	835
	高さ	2100
オフセット距離		75

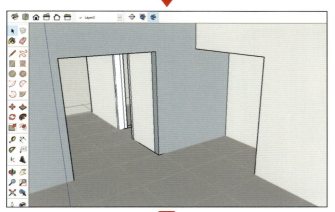

10 ドアのない開口部を作る

次のサイズの長方形を作成して、開口だけ作成します。オフセットはしません。

サイズ	幅	1670
	高さ	2100

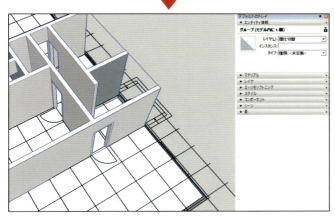

11 レイヤを変更する

内壁をトリプルクリックしてすべて選択し、トレイの[エンティティ情報]を開いて[レイヤ]を[間仕切壁]に変更します。

SECTION 04 ドアを作成する

サンプルファイル　Model-9-04-start.skp

この節で行うこと

Before

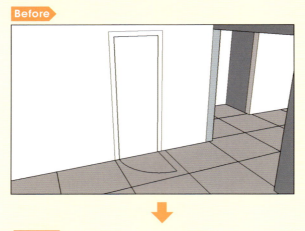

After

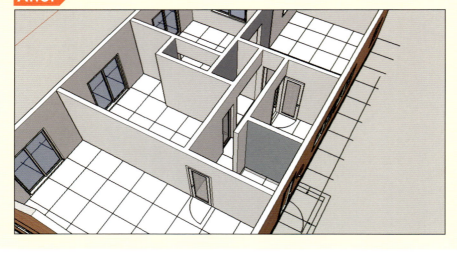

● 内部のドアを作成する

ここでは、前節で作成したサッシにはめ込むドアを作りこんでいきます。［長方形］［オフセット］［プッシュ／プル］の各ツールを使ってドアを作成し、ガラスのマテリアルを付けます。
作成したドアはコンポーネントにして、ほかの場所にも配置します。

STEP 1　ドアの框を作成する

1　長方形を作成する

［長方形］ツールで、サッシの内側に開口部分を塞ぐように長方形を作成します❶。

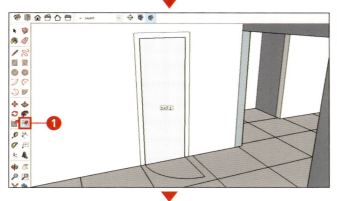

2　オフセットする

長方形を選択して、［オフセット］をクリックします❶。エッジをクリックして、マウスポインターを内側に移動し、［75］と入力して Enter キーを押します。

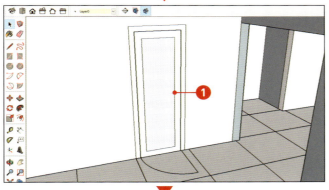

3　框の内側を削除する

内側の長方形をクリックして選択し、Delete キーを押して削除します❶。

4　ドアの厚みを付ける

［プッシュ／プル］ツールをクリックして、框を奥へ押し込みます❶。［50］と入力して Enter キーを押します。框をトリプルクリックしてすべて選択し、右クリックして［グループを作成］をクリックします。

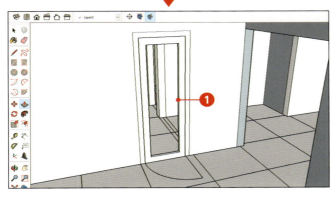

STEP 2 ドアのガラスを作成する

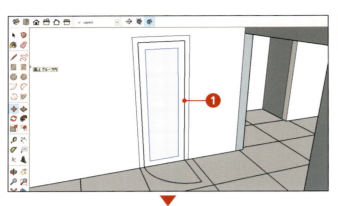

1 ガラスの部分を作成する

再度[長方形]ツールで、内側を塞ぐように長方形を作成します❶。

2 奥へ移動する

長方形をダブルクリックして選択し、[移動]ツールをクリックします❶。
→キーを押して奥へ押し込み、[25]と入力して Enter キーを押します❷。

3 マテリアルを付ける

[トレイ]の[マテリアル]を開き、[ガラスと鏡]から任意のマテリアルをクリックして、長方形をクリックします❶。ここでは[半透明_ガラス_クラッシュグレー]を設定しています。

STEP 3　ドアノブを作成する

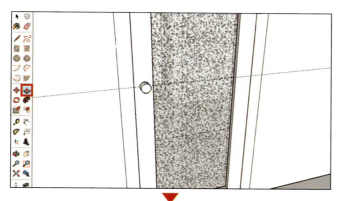

1　ドアノブの高さにガイドを作成する

［メジャー］ツールをクリックし、ドアの下端の線をクリックします。上へ移動して［900］と入力し、Enterキーを押します。

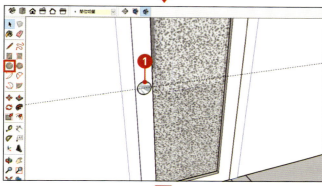

2　円を作成する

［円］ツールでガイド線上をクリックし、［40］と入力し、Enterキーを押します❶。

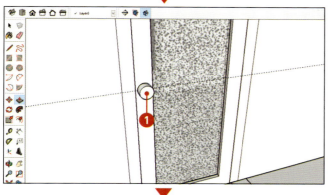

3　円を引き出す

［プッシュ/プル］で手前に引き出し、［50］と入力し、Enterキーを押します❶。

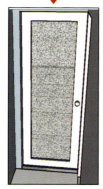

4　ドアの裏側にも作成する

同様の操作で、ドアの裏側にも同サイズのドアノブを作成します。

STEP 4　[ドア]コンポーネントを配置する

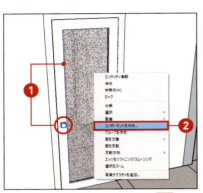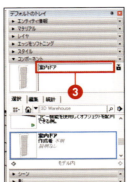

1　ドアをコンポーネントにする

[選択]ツールで Shift キーを押しながら、[框][ガラス][ドアノブ]を選択します❶。右クリックして、[コンポーネントを作成]をクリックします❷。名前を[室内ドア]にします❸。

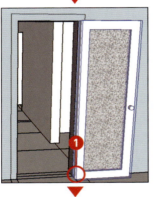

2　[室内ドア]を配置する

登録した[室内ドア]コンポーネントをクリックし、東側の広い部屋の入口サッシの右下端点をクリックして配置します❶。

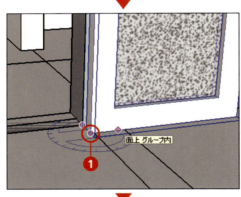

3　[回転]を実行する

[回転]ツールをクリックし、ドア左下の端点をクリックして分度器を配置します❶。

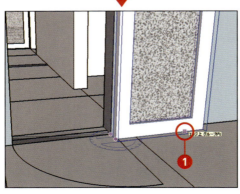

4　回転軸を設定する

マウスポインターを右側に移動してエッジ上の任意の点でクリックし、回転軸を設定します❶。

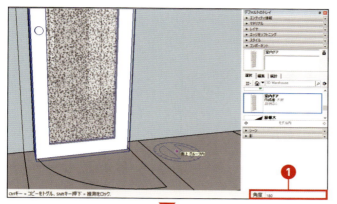

5 ドアを回転する

マウスポインターを手前に移動して、[角度]を[180]と入力して Enter キーを押します❶。

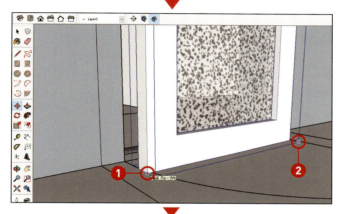

6 位置を調整する

[移動]ツールでドアの左下端点をクリックし❶、サッシ内側に移動して下端をクリックして配置します❷。

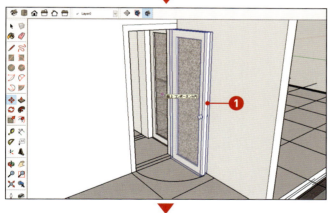

7 ほかの場所にドアを配置する

同様の操作で、[室内ドア]コンポーネントを配置します❶。
左図はドアを配置した後、回転させずにドアが開いている状態にしています。

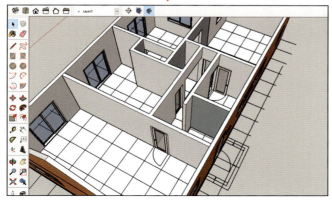

8 ドアを確認する

[外壁]のレイヤを表示して、確認します。

SECTION 05 添景を配置する

| サンプルファイル | Model-9-05-start.skp |

この節で行うこと

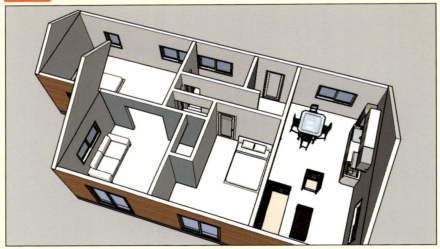

● 家具やキッチンの添景を配置する

ここでは、コンポーネントを活用して、室内に家具やキッチンなどの添景を配置していきます。インストール時に入っている［コンポーネント サンプラー］や［3D Warehouse］のコンポーネントを活用します。［3D Warehouse］ではキーワードを入力して検索し、必要なコンポーネントを探します。また、配置する際に邪魔になるものは、［レイヤ］を非表示に設定して作業を進めます。

STEP 1　コンポーネントを配置する

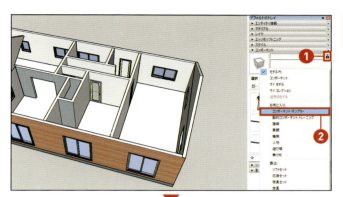

1　[コンポーネント サンプラー]を開く

[ファイル]→[開く]をクリックして、「model-9-05-start.skp」を開きます。[トレイ]の[コンポーネント]を開いて[▼]をクリックし❶、[コンポーネント サンプラー]をクリックします❷。

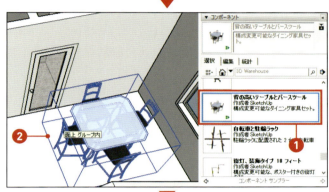

2　家具を配置する

[背の高いテーブルとバースツール]をクリックして選択し❶、室内でクリックして配置します❷。配置したコンポーネントは、[移動]や[回転]ツールを使って、位置と向きを調整します。

3　[3D Warehouse]で検索する

左図の場所に[ソファセット]と入力して検索します❶。検索結果から[ソファテーブルセット　Furniture]をクリックします❷。

①Check

3D Warehouse を利用するときは、インターネットに接続している必要があります。

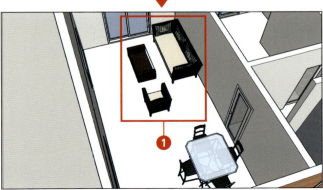

4　ソファを配置する

ソファを配置する場所をクリックします❶。[移動]や[回転]ツールを使って、位置と向きを調整します。

添景を配置する　277

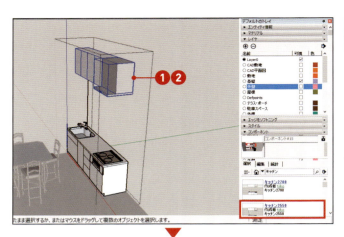

5 キッチンを配置する

続けて、キーワードに[キッチン]と入力して検索し、[キッチン2550]をクリックして配置します❶。このキッチンは内壁より高い位置に吊戸棚が設定されています。ダブルクリックして、[編集モード]にします❷。

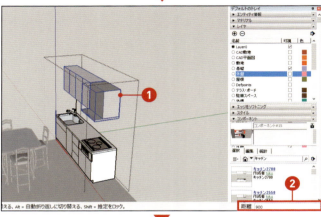

6 キッチンを編集する

上部の吊戸棚とフードを選択して、[移動]ツールで下方向に移動します❶。[900]と入力して、Enter キーを押します❷。

① Check

[3D Warehouse]から取り込んだコンポーネントはグループになっているので、編集モードにして編集します。ただし、編集ができないものや、サイズが不正確なコンポーネントもあるので注意してください。

7 ほかのコンポーネントも配置する

下表を参考に[ソファ][ベッド][冷蔵庫]のコンポーネントを検索して配置します。

ソファ	コンポーネント サンプラー
ベッド	
冷蔵庫	3D Warehouse を「冷蔵庫」で検索

Chapter9 内観を作成する

SECTION 06 断面機能を使う

サンプルファイル Model-9-06-start.skp

この節で行うこと

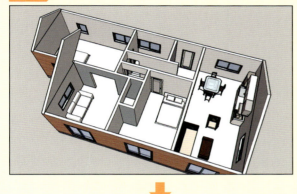

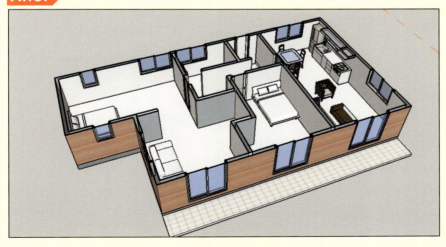

▶ 室内の断面を表示する

ここでは、断面機能を使って室内の様子がわかる断面を作成します。室内の断面を作成することで、床の段差、天井の高さなど、室内のイメージがわかりやすくなります。

STEP 1 天井を作成する

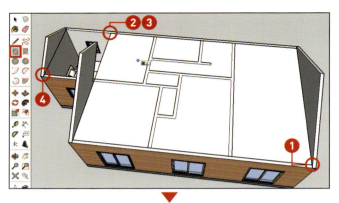

1 長方形を作成する

[長方形]ツールで、左図の外壁の内側端点を2点クリックして大きな長方形を作成します❶❷。続けて、小さい長方形も作成します❸❹。

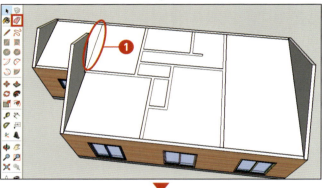

2 境の線を削除する

[消しゴム]ツールで長方形の境界の線をクリックして削除します❶。

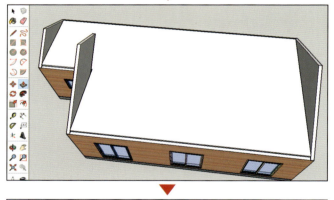

3 厚みをつける

[プッシュ/プル]ツールで、長方形をクリックし、上方向に持ち上げ[100]と入力してEnterキーを押します。

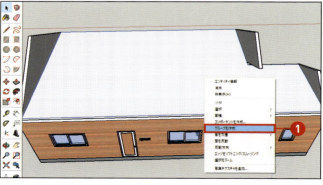

4 [レイヤ]を変更する

トリプルクリックして天井を全て選択し、右クリックして[グループを作成]をクリックします❶。トレイの[エンティティ情報]を開き、[レイヤ]を[天井]に変更しておきます。

STEP 2　南側と北側の断面を作成する

1　アングルを変更する

[オービット]ツールでアングルを変更します。

2　南側の断面を作成する

[断面]ツールの[断面平面]をクリックして❶、[断面平面]を南面の壁に合わせてクリックします❷。

3　断面を移動する

[移動]ツールをクリックし、[断面平面]にマウスポインターを合わせて色が変わったらクリックします❶。

4　断面の位置を決める

断面を移動して、位置が決まったらクリックします❶。

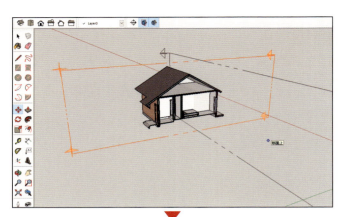

5 北側の断面を作成する

同様の操作で、[平面断面]を北面の壁に合わせて作成します。

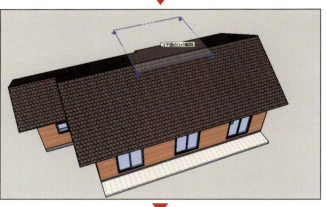

6 平断面を作成する

[断面平面]を左図のように屋根の上で、水平にしてクリックします。

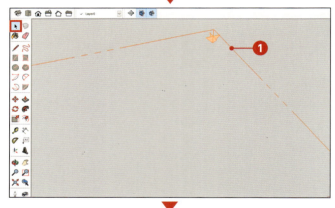

7 断面を移動する

[移動]ツールをクリックし、[断面平面]にマウスポインターを合わせて色が変わったらクリックします❶。

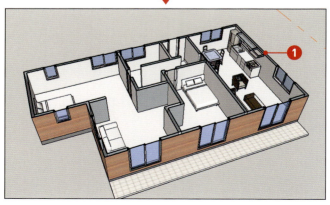

8 断面の位置を決める

上方向に移動させて断面の位置を決めたらクリックします❶。

索引

記号・英数字

.dxf	146
2点円弧	128
3D Warehouse	222, 276
3Dテキスト	218
AVI形式	252
CADデータ	146, 260
Layer0	77
Nvidia Geforce	25
OpenGL	24
SketchUpPro	16
Windows Media Player	252
X線表示	137
X線モード	242

ア行

青い軸上	48
赤い軸上	48
アクティブな断面平面	102
脚	135
値制御ボックス	20
アニメーション	105, 249
移動	29
入れ子	75
色抽出	90
印刷	140
隠線モード	98, 241
インターフェース	20
インポート	143
ウォーク	39
ウォークスルー	246
裏板	118
エクスポートできるファイル	108

エッジ	96
エッジ上	47
エッジのスタイル	97
エッジの設定	240
エッジの表現	27
エッジをソフトニング	23, 65, 133
円	62
遠近法	34
延長エッジ	49
エンティティ	42, 84
円とポリゴンを比較	64
オービット	29
オブジェクト	42, 84
オフセット	132
オリジナルスタイル	99

カ行

外形線	240
外構	196, 213
回転	29
ガイド	123
外壁	152
家具	276
隠しジオメトリ	86, 102
拡大	30
影	232
影設定	102
影の動き	106
可視	76
画像	142
角に丸み	128
カメラの位置	102
カメラの視点	247

カメラを配置	37
画面の操作方法	28
画面を移動	31
木	223
基礎	153
キッチン	276
起動	18
グラフィック	25
グリッド	165
グループ	66
グループを作成	68
グループを編集	72
車	227
消しゴム	57
現在のレイヤ	77
原点	50
勾配	160
固有	182
コンポーネント	66, 113
コンポーネント サンプラー	276
コンポーネントを作成	69
コンポーネントを編集	73

サ行

サッシ	186, 266
シーン	30, 102, 175
シーンタブ	20
シーンを作成	103
シェーディングモード	98, 241
ジオメトリ	86
軸	50
軸の位置	102
軸の記憶	53
軸を変更	51
時刻	233
地面の色	229
尺度	136

終了	19
縮小	30
推定機能	46
推定方向のロック	49
透かし	96, 230
透かし設定	100
スタイル	96, 102, 239
ステータスバー	20
スナップ	46
全てのエッジを非表示	84
正の方向	111
セットされたスタイル	101
線	54
全選択	45
選択	28
選択を解除	45
線を結合	61
線を削除	56
線を分割	60
側板	114
素材	88
空の色	229

タ行

タイトルバー	20
多角形	62
ダブルクリック	43
単位	27
端点	47
断面機能	243, 279
断面に名前	245
中央	47
駐車スペース	190
中点	47
直方体	112
ツールバー	20
ツールバーを変更	22

テーブル	122
テクスチャ付きシェーディングモード	98, 242
デフォルトのトレイ	21
テラス	197
添景	222, 276
天井	280
天板	123
ドア	270
ドアの詳細	210
ドアノブ	273
投影法	34
透視図	178
動的コンポーネント	213
ドラッグして選択	44
トリプルクリック	44
トレイ	20

ナ行

内観	256
内壁	260
斜めの柱	190
日照	232
塗りつぶし	245
粘着性	66

ハ行

背景	96, 228
背景に画像	100, 230
背景のスタイル	98
配列コピー	70
掃出し窓	206
柱の基礎	191
パンニング	29
日付	233
非表示	52, 84
表現	239
表札	218

標準の表示設定	242
表示レイヤ	102
ファイルの場所	26
ファイルを開く	19
フェンス	213
フォグ	102
フォローミー	131
複数のエンティティ	43
プッシュ/プル	112
プリンター	140
プレゼンテーション	236
平行	203
平行投影	35
平面図	176
ペイント	139
ポーチ	198
ポリゴン	63
本棚	110

マ行

マテリアル	88, 139
マテリアルコレクション	101
マテリアルをエクスポート	95
マテリアルを編集	90
窓	165
まとめてペイント	93
右クリックメニュー	31
緑の軸上	48
メニューバー	20
面	54, 96
面だけを削除	56
面の表と裏	58
面のスタイル	98
モデリング	96
モデルの精度	180

ヤ・ラ・ワ行

屋根 ·· 158

屋根の詳細 ··· 200

床 ·· 256

横板 ·· 111

ラージツールセット ······················· 22

立体の文字 ··· 218

立面図 ·· 36

レイヤ ··· 76, 236

レイヤ内のオブジェクト ·················· 78

レイヤの色 ·· 83

レイヤの記憶 ·· 81

レイヤの組み合わせ ······················ 238

レイヤを作成 ·· 79

ワイヤーフレームモード ·············98, 241

著者プロフィール

山形 雄次郎（やまがた ゆうじろう）

・1958 年福井県生まれ
・大阪大学工学部建築工学科卒業
・一級建築士
・株式会社ヤマガタ設計代表
・日本 BIM 普及センター代表
・オンライン総合塾【BIM・DX 炎の会】代表
・Udemy オンライン講座講師
・著書「SketchUp ベストテクニック 120」
　「AutodeskRevit ではじめる BIM 実践入門」他

執筆協力

安松 一雄（やすまつ かずお）

・1956 年東京都生まれ
・日本大学大学院工学研究科修士課程卒業
・一級建築士
・庵デザイン一級建築士事務所代表
・SketchUp Pro 認定トレーナー
・グラフィソフト認定トレーナー
・専門学校・企業研修講師（BIM・CAD・3DCG）

丹波 伸郎（たんば のぶお）

林 麻紀（はやし まき）

上田 喜朗（うえだ よしろう）

作って覚える SketchUp(スケッチアップ)の一番(いちばん)わかりやすい本(ほん)

2019年 7月 19日　初版　第1刷発行
2023年 6月 3日　初版　第2刷発行

著者●山形(やまがた)　雄次郎(ゆうじろう)
発行者●片岡　巌
発行所●株式会社 技術評論社
　　　東京都新宿区市谷左内町21-13
　　　電話　03-3513-6150　販売促進部
　　　　　　03-3513-6175　書籍編集部

装丁●菊池 祐(株式会社ライラック)
本文デザイン●株式会社ライラック
DTP●株式会社ライラック
編集●渡邉　健多
製本／印刷●株式会社加藤文明社

定価はカバーに表示してあります。

落丁・乱丁がございましたら、弊社販売促進部までお送りください。交換いたします。
本書の一部または全部を著作権法の定める範囲を超え、無断で複写、複製、転載、テープ化、ファイルに落とすことを禁じます。
©2019 山形雄次郎
ISBN978-4-297-10688-1 C3055

お問い合わせについて

本書に関するご質問については、本書に記載されている内容に関するもののみとさせていただきます。本書の内容と関係のないご質問につきましては、一切お答えできませんので、あらかじめご了承ください。
また、電話でのご質問は受け付けておりませんので、必ずFAXか書面にて下記までお送りください。
なお、ご質問の際には、必ず以下の項目を明記していただきますよう、お願いいたします。

1　お名前
2　返信先の住所またはFAX番号
3　書名(作って覚える SketchUpの一番わかりやすい本)
4　本書の該当ページ
5　ご使用のOS、SketchUpのバージョン
6　ご質問内容

なお、お送りいただいたご質問には、できる限り迅速にお答えできるよう努力いたしておりますが、場合によってはお答えするまでに時間がかかることがあります。
また、回答の期日をご指定なさっても、ご希望にお応えできるとは限りません。あらかじめご了承くださいますよう、お願いいたします。

問い合わせ先

〒162-0846
東京都新宿区市谷左内町 21-13
株式会社技術評論社　書籍編集部
「作って覚える
SketchUpの一番わかりやすい本」質問係

FAX 番号　03-3267-2269
URL：http://book.gihyo.jp

※ご質問の際に記載いただきました個人情報は、回答後速やかに破棄させていただきます。